配电网管理系列丛书

配电网工程
造价管理

Distribution Network Project Cost Management

韩坚　肖纯　彭奕　主编

江苏大学出版社
JIANGSU UNIVERSITY PRESS
镇　江

图书在版编目(CIP)数据

配电网工程造价管理 / 韩坚，肖纯，彭奕主编. —镇江：江苏大学出版社，2022.11(2024.8 重印)
ISBN 978-7-5684-1834-8

Ⅰ. ①配… Ⅱ. ①韩… ②肖… ③彭… Ⅲ. ①配电系统—电力工程—造价管理 Ⅳ. ①TM727

中国版本图书馆 CIP 数据核字(2022)第 192304 号

配电网工程造价管理
Peidianwang Gongcheng Zaojia Guanli

主　　编/韩　坚　肖　纯　彭　奕
责任编辑/徐　婷
出版发行/江苏大学出版社
地　　址/江苏省镇江市京口区学府路 301 号(邮编：212013)
电　　话/0511-84446464(传真)
网　　址/http://press.ujs.edu.cn
排　　版/镇江市江东印刷有限责任公司
印　　刷/广东虎彩云印刷有限公司
开　　本/787 mm×1 092 mm　1/16
印　　张/10.75
字　　数/225 千字
版　　次/2022 年 11 月第 1 版
印　　次/2024 年 8 月第 2 次印刷
书　　号/ISBN 978-7-5684-1834-8
定　　价/48.00 元

如有印装质量问题请与本社营销部联系(电话:0511-84440882)

前　　言

配电网是国民经济和社会发展的重要公共基础设施，建设城乡统筹、安全可靠、经济高效、技术先进、环境友好的配电网络设施和服务体系，既能够保障民生、拉动投资，又能够带动制造业水平提升，为适应能源互联、推动社会经济发展提供有力支撑，对于稳增长、促改革、调结构、惠民生具有重要意义。

配电网工程造价的管控工作是配电网工程建设中一项重要的基础性工作，是提高配电网工程投资效益的关键环节，具有很强的技术性、经济性和政策性。本书对工程造价的基本概念和配电网工程预算费用的组成、各种计价原理及应用进行了详细介绍，对工程招标、工程变更与现场签证、结算审核、索赔争议等环节的控制给出了详细的计价实例。本书将理论与实践相结合，力争做到理论精练、实践突出；在内容上涵盖配电网工程造价的重要环节，适合现场管理人员随查随用，满足电网建设者造价管理方面的需求。

本书分为3篇，共9章。内容主要包括工程造价概述、工程分类、工程预算管理、招标阶段的造价管理、工程变更与现场签证、工程结算和竣工决算管理、工程索赔、增值税下工程造价疑难点、工程造价的其他业务。

本书在编写过程中得到了电靓萍乡创新工作室的大力支持与帮助，在此表示衷心感谢。本书融入了编者的从业经验，但限于专业水平，书中难免存在不妥之处，敬请读者批评指正，以便进一步修改完善。

目 录
Contents

第一篇 配电网工程造价管理基础知识

第二篇 配电网工程实施造价管理

第三篇　配电网工程后期造价管理

第一篇

配电网工程造价管理基础知识

第一章

工程造价概述

第一节　建设工程项目管理的基本概念

一、建设工程项目的含义

建设工程项目是项目中的一类，它和设计开发项目、科研项目、专利项目、公共事业项目等处于同等地位。根据国家标准《建设工程项目管理规范》（GB/T 50326—2017）规定，建设工程项目是指为完成依法立项的新建、扩建、改建工程而进行的、有起止日期的、达到规定要求的一组相互关联的受控活动，包括策划、勘察、设计、采购、施工、试运行、竣工验收和考核评价等阶段，简称为项目。

二、建设工程项目的分类

（一）按建设性质划分

（1）新建项目：是指从无到有、“平地起家”、新开始建设的项目。有的建设项目原有基础很小，经扩大建设后，其新增加的固定资产价值超过原有固定资产价值三倍的，也算新建项目。

（2）扩建项目：是指原有企业、事业单位为扩大原有产品生产能力（或效益），或增加新的产品生产能力，而新建主要车间或工程的项目。

（3）改建项目：是指原有企业为提高生产效率、增加产品科技含量，采用新技术改进产品质量或改变新产品方向，对原有设备或工程进行改造的项目。有的企业为了平衡生产能力，增建一些附属、辅助车间或非生产性工程，也算改建项目。

（4）迁建项目：是指原有企业、事业单位由于各种原因经上级批准搬迁到另地建设的项目。迁建项目中符合新建、扩建、改建条件的，应分别作为新建、扩建或改建项目。迁建项目不包括留在原址的部分。

（5）恢复项目：是指因自然灾害、战争等遭受破坏的固定资产按原有规模重新

恢复的建设项目。在恢复的同时进行扩建的，应作为扩建项目。

（二）按项目用途划分

（1）生产性项目：是指直接用于物质生产或直接为物质生产服务的建设项目，主要包括工业（含矿业）、建筑业、地质资源勘探、农业、林业、水利、气象、运输、邮电、商业和物资供应等项目。

（2）非生产性项目：是指直接用于满足人民物质和文化生活需要的项目，主要包括文教卫生、科学研究、社会福利、公用事业建设、行政机关和团体办公用房建设等项目。

三、建设工程项目的建设程序

（一）建设程序

建设程序是指工程项目从设想、选择、评估、决策、设计、施工到竣工验收、投入生产或交付使用的整个建设过程中，各项工作必须遵循的先后次序。按照建设项目发展的内在联系和发展过程，建设程序可分成若干阶段，这些阶段有严格的先后次序，不能任意颠倒、违反其发展规律。按我国现行规定，建设项目从建设前期工作到建设、投产及最后交付，一般要经历以下几个阶段的工作程序：

（1）根据国民经济和社会发展长远规划，结合行业和地区发展规划的要求，提出项目建议书；

（2）在勘察、试验、调查研究及详细技术经济论证的基础上编制可行性研究报告；

（3）根据项目的咨询评估情况，对建设项目进行决策；

（4）根据可行性研究报告编制设计文件；

（5）初步设计经批准后，做好施工前的各项准备工作；

（6）组织施工，并根据工程进度做好生产准备；

（7）项目按批准的设计内容建成竣工并经验收合格后，正式交付生产使用；

（8）生产运营一段时间后（一般为两年），进行项目后评价。

（二）建设内容

1. 项目定义与决策

在这一项目阶段中，人们提出一个项目的提案，从项目建设意图的酝酿开始，对项目提案进行必要的调查研究、机遇与需求分析及识别，然后编写和报批项目建议书。在项目建议书或项目提案获得批准后，编制和报批项目的可行性研究报告，通过项目可行性分析制订项目的各种备选方案，再进行项目前期的组织、管理、经济和技术方面的论证，最终作出项目方案的抉择和项目的决策。项目立项（立项批准）是项目决策的标志。这一阶段的主要任务是提出项目、定义项目和作出项目决策。

2. 项目计划和设计

在这一阶段中，人们首先要为已经作出决策、将要实施的项目编制各种各样的计划（针对整个项目的工期计划、成本计划、质量计划、资源计划和集成计划等）。在编制这些计划的同时，一般还需要开展必要的项目设计工作，从而全面地设计和界定整个项目、项目各阶段所需开展的工作，以及有关项目产出物的全面要求和规定（包括技术、质量、数量、经济等方面）。实际上，这一阶段的主要工作是对项目的产出物和项目工作作出全面的设计和规定。

3. 项目实施与控制

在完成项目计划和设计工作后，就可以开始项目实施了。在项目实施的同时要开展各种各样的项目控制工作，以保证项目实施的结果与项目计划和设计的要求及目标相一致。其中，项目实施工作还需要进一步划分成一系列的具体实施阶段，而项目控制工作也可以进一步划分成项目工期、成本、质量等不同的管理控制工作。项目实施与控制阶段是整个项目产出物的形成阶段，所以这一项目阶段的成果是生成的项目产出物，项目产出物可以是实物形态的（如一栋建筑物），也可以是知识或技术形态的（如一项科研成果）。

4. 项目完工与交付

项目实施阶段结束并不意味着整个项目工作全部结束，项目还需要经过完工与交付阶段才算真正结束。在项目完工与交付阶段，要对照项目定义和决策阶段提出的项目目标，以及项目计划与设计阶段提出的各种计划和要求，先由项目团队（或项目组织）全面检验项目工作和项目产出物，再由项目团队向项目的业主（项目产出物的所有者）或用户（项目产出物的使用者）进行验收移交工作，直至项目的业主或用户最终接受项目的整个工作和工作结果（项目产出物），项目才算最终结束。

5. 项目后评价

建设项目后评价是工程项目竣工投产、生产运营一段时间后，再对项目的立项决策、设计施工、竣工投产、生产运营等全过程进行系统评价的一种技术经济活动。通过建设项目后评价，可以达到肯定成绩、总结经验、研究问题、吸取教训、提出建议、改进工作、不断提高项目决策水平和投资效果的目的。目前，我国开展的建设项目后评价一般都按三个层次组织实施，即项目单位的自我评价、项目所在行业的评价和各级发展计划部门（或主要投资方）的评价。

四、建设工程项目的基本内容

参与建设工程项目管理的各方（管理主体）在工程项目建设中均存在项目管理工作。项目承包人受业主委托承担建设项目的勘察、设计及施工工作，并有义务对建筑工程项目进行管理。对于一些大、中型工程项目，若发包人（业主）缺乏项目

管理经验，可委托项目管理咨询公司代为进行项目管理。在项目建设中，业主、设计单位和项目承包人各处不同的位置，对同一个项目它们各自承担的任务不同，项目管理的任务也是不相同的。例如，在费用控制方面，业主要控制整个项目建设的投资总额，而项目承包人主要控制该项目的施工成本。又如，在进度控制方面，业主应控制整个项目的建设进度，而设计单位主要控制设计进度，项目承包人控制所承包部分工程的施工进度。

1. 项目发包人

按照《建设工程项目管理规范》（GB/T 50326—2017）解释，发包人是“按招标文件或合同中约定，具有项目发包主体资格和支付合同价款能力的当事人或者取得该当事人资格的合法继承人”。项目发包人包括国家机关等行政部门、国内外企业、分包活动中的原承包人等主体。

2. 项目承包人

按照《建设工程项目管理规范》（GB/T 50326—2017）解释，承包人是“按合同约定，被发包人接受的具有项目承包主体资格的当事人，以及取得该当事人资格的合法继承人”。有时承包人也可以作为发包人出现，如在项目分包过程中。根据完成任务的不同，承包人可以是勘察设计单位（如建筑专业设计院、其他设计单位等）、中介机构（如专业监理咨询机构、招投标代理机构、工程咨询单位等）、施工企业（如综合性施工企业、专业性施工企业等）、设备材料供应商，以及加工商、运输商等。

3. 政府机构

政府机构指中央和地方的全部立法、行政、司法和官僚机关，包括土地、规划、建设、水、电、通信、环保、消防、公安等部门。政府机构的协作和监督决定了项目的成败，其中最重要的是建设部门的质量监督。

第二节　工程造价

一、工程造价的定义

顾名思义，工程造价就是工程的建设价格，是指为完成一个工程的建设，预期或实际所需的全部费用总和。中国建设工程造价管理协会（简称“中价协”）专家委员会在界定“工程造价”一词的含义时，从业主和承包商的角度给工程造价赋予了不同的定义。

从业主（投资者）的角度定义，工程造价是指工程的建设成本，即为建设一项工程预期支付或实际支付的全部固定资产投资费用。这些费用主要包括设备及工器具购置费、建筑工程及安装工程费、工程建设其他费用、预备费、建设期利息、固定资产投资方向调节税（这项费用目前暂停征收）。尽管这些费用在建设项目的竣工决算中，按照新的财务制度和企业会计准则核算新增资产价值时，并没有全部形成新增固定资产价值，但这些费用是完成固定资产建设所必需的。因此，从这个意义上讲，工程造价就是建设项目固定资产投资。

从承包商的角度定义，工程造价是指工程价格，即为建成一项工程，预计或实际在土地、设备、技术劳务及承包等市场上，通过招投标等交易方式所形成的建筑安装工程的价格和建设工程总价格。在这里，招投标的标的既可以是一整个建设项目，也可以是一个单项工程，还可以是整个建设工程中的某个阶段，如建设项目的可行性研究阶段、建设项目的设计阶段及建设项目的施工阶段等。

关于工程造价的这两种含义既有联系又有区别。两者的联系主要表现为从不同角度来把握同一事物的本质。对于业主（投资者）来说，工程造价是在市场经济条件下“购买”项目所要付出的“货款”，因此工程造价就是建设项目投资。对于设计咨询机构、供应商、承包商而言，工程造价是他们出售劳务和商品的价值总和，工程造价就是工程的承包价格。两者的区别主要表现在以下三个方面：

（1）两者对合理性的要求不同。工程投资的合理性主要取决于决策是否正确、建设标准是否适用及设计方案是否优化，而不取决于投资额的高低；工程价格的合理性在于价格是否反映价值、是否符合价格形成机制的要求、是否具有合理的利税率。

（2）两者形成的机制不同。工程投资形成的基础是项目决策、工程设计、设备材料的选购，以及工程的施工及设备的安装，最后形成工程投资；而工程价格形成的基础是价值，同时受价值规律、供求规律的支配和影响。

（3）存在的问题不同。工程投资存在的问题主要是决策失误、重复建设、建设标准脱离实情等；而工程价格存在的问题主要是价格偏离价值。

二、工程造价的职能

工程造价的职能既是价格职能的反映，也是价格职能在这一领域的特殊表现。它除了具有一般的商品价格职能以外，还有自己特殊的职能。

1. 预测职能

由于工程造价的大额性和动态性，因而无论是投资者还是承包商都要对拟建工程进行预先测算。投资者预先测算的工程造价不仅可以作为项目决策的依据，也可以作为筹集资金、控制造价的依据。承包商预先测算的工程造价，既为投标决策提供依据，也为投标报价和成本管理提供依据。

2. 控制职能

工程造价的控制职能表现在两方面：一方面，是对投资的控制，即在投资的各个阶段，根据对造价的多次预估，对造价进行全过程、多层次的控制。另一方面，是对以承包商为代表的商品和劳务供应企业的成本控制。在造价一定的条件下，企业的实际成本开支决定企业的盈利水平。成本越高，盈利越低。如果成本高于造价，就会危及企业的生存。因此，企业要根据工程造价来控制成本，应以工程造价提供的信息资料为控制成本的依据。

3. 评价职能

工程造价是评价总投资和分项投资合理性与投资效益的主要依据之一。评价土地价格、建筑安装产品和设备价格的合理性时，必须依据工程造价提供的信息资料；评价建设项目的偿贷能力、获利能力和宏观效益时，也要依据工程造价来进行。工程造价也是评价建筑安装企业管理水平和经营成果的重要依据。

4. 调节职能

工程建设关系到经济增长，也直接关系到国家重要资源的分配和资金的流向，对国计民生有重大影响，所以国家对建设规模、结构进行宏观调控是不可缺少的，对政府投资项目进行直接调控和管理也是必须的，而这些调控和管理是通过工程造价对工程建设中的物质消耗水平、建设规模、投资方向等进行调节的。工程造价职能实现的最主要条件是市场竞争机制的形成。现代市场经济要求市场主体有自身独立的经济利益，并能根据市场信息（特别是价格信息）和利益取向来决定其经济行为。无论是购买者还是出售者，在市场上都处于平等的地位，他们都不可能单独地影响市场价格，更没有能力单方面决定价格。作为买方的投资者和作为卖方的建筑安装企业，以及其他商品和劳务的提供者，是在市场竞争中根据价格变动，以及自己对市场走向的判断来调节自己的经济活动的。只有在这种条件下，价格才能实现它的基本职能和其他各项职能。因此，建立和完善市场机制、创造平等竞争的环境是十分迫切且重要的任务。首先，投资者、建筑安装企业等商品和劳务的提供者要使自己真正成为具有独立经济利益的市场主体，能够了解并适应市场信息的变化，能够作出正确的判断和决策；其次，要为建筑安装企业创造平等竞争的条件，使不同类型、不同所有制、不同规模、不同地区的企业，在同一项工程的投标竞争中处于同样平等的地位，为此必须规范建筑市场和市场主体的经济行为；最后，要建立完善的、灵敏的价格信息系统。

三、工程造价管理的含义

工程造价有两种含义，相应地，工程造价管理也有两种含义：一是建设工程投资管理；二是工程价格管理。这两种含义是不同的利益主体从不同的利益角度管理同一事物而对工程造价给出的不同定义；但由于利益主体不同，因而建设工程投资管理与工程价格管理有着显著的区别。其一，两者的管理范畴不同。工程投资管理属于投资管理范畴，而工程价格管理属于价格管理范畴。其二，两者的管理目的不同。工程投资管理的目的在于提高投资效益，在决策正确、保证质量与工期的前提下，期望通过一系列的工程管理手段和方法使工程投资不超过预期的投资额甚至降低投资额；而工程价格管理的目的在于使工程价格能够反映价值与供求规律，以保证合同双方合理合法的经济利益。其三，两者的管理范围不同。工程投资管理贯穿于项目决策、工程设计、项目招投标、施工过程、竣工验收的全过程，由于投资主体不同，资金的来源不同，涉及的单位也不同。对于承包商而言，由于承发包的标的不同，工程价格管理可能是从决策到竣工验收的全过程管理，也可能是其中某个阶段的管理。在工程价格管理中，不论投资主体是谁，资金来源如何，都只涉及工程承发包双方之间的关系。

四、工程造价管理的内容

1. 工程造价管理的目标

工程造价管理的目标是按照经济规律的要求，根据社会主义市场经济的发展，利用科学的管理方法和先进的管理手段，合理地确定造价和有效地控制造价，以提高投资效益和建筑安装企业经营效果。

2. 工程造价管理的任务

工程造价管理的任务是加强工程造价的全过程动态管理，强化工程造价的约束机制，维护有关各方的经济利益，规范价格行为，促进微观效益和宏观效益的统一。

3. 工程造价管理的基本内容

工程造价管理的基本内容就是工程造价的合理确定和有效控制。

工程造价的合理确定，就是在建设程序的各个阶段，合理地确定投资估算、概算造价、预算造价、承包合同价、结算价、竣工决算价。具体可从以下几个阶段着手：① 在项目建议书阶段，按照有关规定，应编制初步投资估算，经有关部门批准，作为拟建项目列入国家中长期计划和开展前期工作的控制造价。② 在可行性研究阶段，按照有关规定再次编制投资估算，经有关部门批准，作为该项目控制造价的依据。③ 在初步设计阶段，按照有关规定编制初步设计总概算，经有关部门批准，作为拟建项目工程造价的最高限额。④ 在初步设计阶段，实行建设项目招标承包制，签订承包合同协议的，其合同价应在最高限价（总概算）的范围以内。⑤ 在施工图设计阶段，按照规定编制施工图预算，并核实是否超过批准的初步设计概算。对以施工图预算为基础的招投标工程，工程承包合同价也是以经济合同形式确定的建筑安装工程造价。⑥ 在工程实施阶段，按照承包方实际完成的工程量，以合同价为基础，同时考虑因物价上涨所引起的造价提高，考虑设计中难以预计的在实施阶段实际发生的工程和费用，合理确定结算价。⑦ 在竣工验收阶段，全面汇集在工程建设

过程中实际花费的全部费用，编制竣工决算，如实体现该建设工程的实际造价。

工程造价的有效控制，就是在优化建设方案、设计方案的基础上，在建设程序的各个阶段，采用一定的方法和措施把工程造价控制在合理的范围和核定的造价限额以内。具体地说，就是要用投资估算价控制设计方案和初步设计概算造价，用概算造价控制技术设计和修正概算造价，用概算造价和修正概算造价控制施工图设计和预算造价，从而合理使用人力、物力和财力，取得较好的投资效益。

工程造价的合理确定和有效控制之间存在相互依存、相互制约的辩证关系。首先，工程造价的确定是工程造价控制的基础和载体。没有造价的确定，就没有造价的控制；没有造价的合理确定，也就没有造价的有效控制。其次，造价的控制贯穿工程造价确定的全过程，造价的确定过程也就是造价的控制过程，只有通过逐项控制、层层控制，才能最终合理地确定造价。最后，确定造价和控制造价的最终目的是统一的，即合理使用建设资金，提高投资效益，遵循价格规律和市场运行机制，维护有关各方面的经济利益。

4. 工程造价管理的基本原则

有效的工程造价管理应体现以下三项原则：

（1）以设计阶段为重点进行全过程造价控制。工程造价控制贯穿于项目建设的全过程，在实施过程中必须突出重点。很显然，工程造价控制的关键在于施工前的投资决策和设计阶段，而在项目作出投资决策后，控制工程造价的关键就在于设计阶段。建设工程全寿命费用包括工程造价和工程交付使用后的经常开支费用（含经营费用、日常维护修理费用、使用期内大修理和局部更新费用），以及该项目使用期满后的报废拆除费用等。据西方一些国家分析，设计费用占建设工程全寿命费用的比例一般在1%以下，但这占比低于1%的费用对工程造价的影响却达75%以上。由此可见，设计质量对整个工程建设的效益是至关重要的。工程设计对工程造价具有能动的、决定性的影响作用。设计方案确定后，工程造价也就基本确定了。也就是说，全过程造价控制的重点在前期工作阶段。因此，以设计阶段为重点的全过程造价控制才能积极、主动、有效地控制整个建设项目的投资。长期以来，我国普遍忽视工程建设项目前期工作阶段的造价控制，而往往把控制工程造价的主要精力放在施工阶段——审核施工图预算、结算建筑安装工程价款，算细账。这样做尽管也有效果，但其实是“亡羊补牢”，事倍功半。若要有效地控制建设工程造价，则应坚决地把重点转移到建设项目的前期阶段，尤其应抓住设计这个关键阶段，以取得事半功倍的效果。

（2）主动控制，以取得令人满意的结果。长期以来，人们一直把控制理解为将目标值和实际值进行比较，当实际值偏离目标值时，分析产生偏差的原因，并确定下一步的对策。在工程项目建设的全过程进行这样的工程造价控制当然是有意义的。

但问题在于，这种立足于调查—分析—决策基础之上的偏离—纠偏—再偏离—再纠偏的控制方法，只能发现偏离，不能使已产生的偏离消失，也不能预防可能发生的偏离。因此，这种控制方法是被动控制。20 世纪 70 年代初开始，人们将系统论和控制论研究成果用于项目管理，将“控制”立足于事先主动采取决策措施，以尽可能地减少以至避免目标值与实际值偏离，这是主动的、积极的控制方法，因此被称为主动控制。也就是说，工程造价控制不仅仅要反映投资决策，反映设计、发包和施工，被动地控制工程造价，更要能动地影响投资决策，影响设计、发包和施工，主动地控制工程造价。

（3）技术与经济相结合是控制工程造价最有效的手段。要有效地控制工程造价，应从组织、技术、经济等方面采取措施。从组织上采取的措施包括明确项目组织结构，明确造价控制者及其任务，明确管理职能分工；从技术上采取的措施包括重视设计多方案选择，严格审查和监督初步设计、技术设计、施工图设计、施工组织设计，深入技术领域研究节约投资的可能；从经济上采取的措施包括动态地比较造价的计划值和实际值，严格审核各项费用支出，采取对节约投资的有力奖励措施等。由此可见，技术与经济相结合是控制工程造价最有效的手段。长期以来，在我国工程建设领域，技术与经济是相分离的。许多国外专家指出，中国技术人员的技术水平、工作能力、知识面跟国外同行相比几乎不分上下，但他们相对缺乏经济观念，设计思想保守，设计规范、施工规范落后。国外的技术人员时刻考虑如何降低工程造价，而中国技术人员则把它看成是与己无关的财会人员的职责。而财会、概预算人员的主要责任是根据财务制度办事，他们不熟悉工程知识，也较少了解工程进展中的各种关系和问题，往往单纯地从财务制度方面出发审核费用开支，难以有效地控制工程造价。为此，迫切需要管理主体以提高工程造价效益为目的，在工程建设过程中将技术与经济有机结合，通过技术比较、经济分析和效果评价，正确处理技术先进与经济合理两者之间的对立统一关系，力求实现在技术先进条件下的经济合理、在经济合理基础上的技术先进，把控制工程造价的观念渗透到各项设计和施工技术措施之中。

第三节　工程造价阶段管理

一、决策阶段工程造价管理

（一）项目决策与工程造价的关系

1．项目决策的正确性是工程造价合理性的前提

项目决策正确，意味着对项目建设作出科学的决断，优选出最佳的投资方案，

完成资源的合理配置，这样才能合理地估算出工程造价，并且在实施最优投资方案的过程中，有效地控制工程造价。项目决策失误，主要体现在不该建设的项目进行投资建设，或者建设地点选择错误，或者建设方案不合理等。诸如此类的决策失误，会直接带来不必要的人力、物力及财力的浪费，甚至造成不可弥补的损失。在这种情况下，再进行工程造价的有效管理毫无意义。因此，要实现工程造价合理，首先应保证项目决策的正确性，避免决策失误。

2. 项目决策的内容是决定工程造价的基础

工程造价的确定与控制贯穿于项目建设的全过程，项目决策阶段的各项技术经济决策对该项目的工程造价有十分重要的影响，特别是建设标准的确定、建设地点的选择、工艺的评选、设备的选用等，都直接关系到工程造价的高低。据有关资料统计，项目建设的各个阶段中，决策阶段对工程造价的影响程度最高，达 80%~90%。因此，决策阶段是决定工程造价的基础阶段，将直接影响决策阶段之后各建设阶段工程造价的确定与控制。

3. 项目决策的深度影响投资估算的精确度和工程造价的控制效果

投资决策的过程是一个由浅入深、逐步深化的过程，不同阶段决策的深度不同，投资估算的精确度也不同。例如，初步决策阶段即投资机会及项目建议书阶段，投资估算的误差率应控制在±30%左右；而最终决策阶段即详细可行性研究阶段，投资估算的误差率则应控制在±10%以内。另外，在项目建设各阶段，即决策阶段、初步设计阶段、技术设计阶段、施工图设计阶段、工程招投标及承发包阶段、施工阶段、竣工验收阶段，通过工程造价的确定与控制，相应地形成投资估算、设计概算、修正概算、施工图预算、承包合同价、结算价及竣工决算等造价形式，它们之间存在着前者控制后者、后者补充前者的相互作用关系。这种“前者控制后者”的制约关系，意味着投资估算对其后面各种形式的造价起着制约作用，投资估算可作为限额目标。由此可见，只有加强项目决策的深度，采用科学的估算方法和可靠的数据资料合理地确定投资估算造价，才能保证其他阶段的造价被控制在合理范围内，避免“三超”现象的发生，使投资控制目标能够实现。

4. 工程造价的数额影响项目决策的结果

项目决策影响着工程造价的高低及拟投入资金的多少。决策阶段形成的投资估算是进行投资方案选择的重要依据之一，同时也是决定项目是否可行及主管部门进行项目审批的参考依据。因此，项目投资估算的数额，从某种程度上也影响着项目决策。

（二）决策阶段工程造价的主要影响因素

1. 项目规模的确定

项目规模的确定就是要合理选择拟建项目的生产规模，解决“生产多少”的问题。生产规模过小，资源得不到有效配置，产品的单位成本提高，经济效益低下；生产规模过大，若超过了市场需求量，会导致开工不足、产品积压或降价销售，同样致使项目经济效益低下。因此，项目选择的规模合理与否关系着项目的成败，决定着工程造价合理与否。

在确定项目规模时，不仅要考虑项目内部各因素之间的数量匹配、能力协调，还要使所有生产力因素共同形成的经济实体（如项目）在规模上大小适合，这样可以合理确定和有效控制工程造价，提高项目的经济效益。需要注意的是，规模扩大所产生的效益不是无限的，它受到技术进步、管理水平、项目经济技术环境等多种因素的制约。当项目规模超过一定限度，规模效益将不再出现，甚至可能出现单位成本递增和收益递减的现象。

2. 建设标准水平的确定

建设标准主要包括建设规模、占地面积、工艺装备、建筑标准、配套工程、劳动定员等方面的标准或指标。建设标准是编制、评估、审批项目可行性的重要依据，是衡量工程造价是否合理及监督检查项目建设的客观尺度。建设标准能否起到控制工程造价、指导建设投资的作用，关键在于其水平定得合理与否。因此，建设标准水平应从我国目前的经济发展水平出发，根据地区、规模、等级、功能等方面来合理确定。大多数工业交通项目应采用中等适用的标准，对少数引进国外先进技术和设备的项目或少数有特殊要求的项目，标准水平可适当高些。在建筑方面，应坚持经济、适用、安全、朴实的原则。建设项目标准中的各项规定，能定量的应尽量给出定量指标，不能规定定量指标的要有定性的原则要求。

3. 建设地区及建设地点的选择

一般情况下，确定某个建设项目的具体地址（或厂址），需要经过建设地区选择和建设地点选择这两个不同层次的、相互联系又相互区别的工作阶段。两者是一种递进关系。其中，建设地区选择是指在几个不同地区之间对拟建项目适宜配置在哪个区域范围作出选择；建设地点选择是指对建设项目具体坐落位置的选择。

4. 工程技术方案的确定

工程技术方案的确定主要包括生产工艺方案的确定和主要设备的选用。

（1）生产工艺方案的确定。生产工艺是指生产产品时所采用的工艺流程和制作方法。工艺流程是指投入物（原料或半成品）经过有次序的生产加工，成为产出物（产品或加工品）的过程。评价及确定拟采用的工艺是否可行，主要有先进适用和经济合理两项标准。

（2）主要设备的选用。在设备选用中，应注意处理好以下问题：

① 要尽量选用国产设备。凡国内能够制造，并能保证质量、数量和按期供货的

设备，或者引进一些技术资料就能制造的设备，原则上必须选用国产设备，不必从国外进口。

② 只要引进关键设备就能在国内配套使用的，就不必成套引进。

③ 要注意进口设备之间以及国内外设备之间的衔接配套问题。

二、设计阶段工程造价管理

在项目实施中，项目的设计阶段是决定建筑产品价值的关键阶段，它对项目的建设工期、工程造价、工程质量以及建成后能否产生较好的经济效益和使用效益，起到决定性的作用。因此，要对设计阶段的工程造价管理给予足够的重视。

（一）设计概算的概念

设计概算是设计文件的重要组成部分，是在投资估算的控制下由设计单位根据初步设计图纸，概算定额（或概算指标），各项费用定额或取费标准（指标），建设地区自然、技术、经济条件和设备、材料预算价格等资料，编制和确定出来的、项目从筹建至竣工交付使用所需全部费用的文件。采用两阶段设计的项目，初步设计阶段必须编制设计概算；采用三阶段设计的项目，技术设计阶段必须编制修正概算。

设计概算的编制内容包括静态投资和动态投资两部分。静态投资是按概算编制期价格、费率、利率、汇率等因素确定的投资。动态投资是指从概算编制期到竣工验收前，因工程和价格等多因素变化所做的投资。通常，静态投资作为考核工程设计和施工图预算的依据；动态投资作为筹措、供应和控制资金使用的限额。

设计概算可分为单位工程概算、单项工程综合概算和建设项目总概算三级。

1. 单位工程概算

单位工程概算是确定各单位工程建设费用的文件，是编制单项工程综合概算的依据，是单项工程综合概算的组成部分。单位工程概算按工程性质分为建筑工程概算和设备及安装工程概算两大类。建筑工程概算包括土建工程概算，给排水、采暖工程概算，通风、空调工程概算，电气、照明工程概算，弱电工程概算，特殊构筑物工程概算等；设备及安装工程概算包括机械设备及安装工程概算，电气设备及安装工程概算，热力设备及安装工程概算，工具、器具及生产家具购置费概算等。

2. 单项工程综合概算

单项工程综合概算是确定一个单项工程所需建设费用的文件，它是由单项工程中的各单位工程概算汇总编制而成的，是建设项目总概算的组成部分。

3. 建设项目总概算

建设项目总概算是确定整个建设项目从筹建到竣工验收所需全部费用的文件，它是由各单项工程综合概算、工程建设其他费用概算、预备费、建设期贷款利息和固定资产投资方向调节税概算汇总编制而成的。

（二）设计概算的编制依据和编制原则

1. 设计概算的编制依据

设计概算的编制依据主要包括：国家发布的有关法律、法规、规章；批准的可行性研究报告及投资估算、设计图纸等有关资料；有关部门颁布的现行概算定额、概算指标、费用定额等，以及建设项目设计概算编制办法；有关部门发布的人工、设备、材料价格和造价指数等；建设地区的自然、技术、经济条件等资料；有关合同、协议；其他有关资料。

2. 设计概算的编制原则

（1）严格执行国家的建设方针和经济政策的原则。设计概算是一项重要的技术经济工作，要严格按照党和国家的方针、政策办事，坚决执行勤俭节约的方针，严格执行规定的设计标准。

（2）完整、准确地反映设计内容的原则。编制设计概算时，要认真了解设计意图，根据设计文件、图纸准确计算工程量，避免重算和漏算。设计修改后，要及时修正概算。

（3）坚持结合拟建工程实际反映工程所在地当时价格水平的原则。为提高设计概算的准确性，要实事求是地对工程所在地的建设条件及可能影响造价的各种因素进行认真的调查研究。在此基础上，正确使用定额、指标、费率和价格等各项编制依据，按照现行工程造价的构成，根据有关部门发布的价格信息及价格调整指数，考虑建设期的价格变化因素，使概算尽可能地反映设计内容、施工条件和实际价格。

（三）设计概算的审查

1. 审查设计概算的意义

（1）有利于合理分配投资资金、加强投资计划管理，有助于合理确定和有效控制工程造价。若编制的设计概算偏高或偏低，不仅会影响工程造价的控制，还会影响投资计划的真实性及投资资金分配的合理性。

（2）有利于促进概算编制单位严格执行国家有关概算的编制规定和费用标准，从而提高概算的编制质量。

（3）有利于促进设计的技术先进性与经济合理性。概算中的技术经济指标是概算质量的综合反映，同类工程进行对比，便可看出各设计概算的先进性与合理程度。

（4）有利于核定建设项目的投资规模，可以使建设项目总投资力求做到准确、完整，防止任意扩大投资规模或出现漏项，从而减少投资缺口，缩小概算与预算之间的差距，避免故意压低概算投资，搞“钓鱼”项目，最后实际造价大幅度地突破概算。经审查的概算，有利于为建设项目投资的落实提供可靠的依据。投资充足，不留缺口，有助于提高建设项目的投资效益。

2. 设计概算的审查内容

（1）审查概算的编制是否符合党的方针、政策，是否根据工程所在地的自然条

件编制。

(2) 审查建设规模（投资规模、生产能力等）、建设标准（用地指标、建筑标准等）、配套工程、设计定员等是否符合原批准的可行性研究报告或立项批文的标准。对总概算投资超过批准投资估算10%的，应查明原因，重新上报审批。

(3) 审查编制方法、计价依据和程序是否符合现行规定，包括定额或指标的适用范围和调整方法是否正确。进行定额或指标的补充时，要求补充定额的项目划分、内容组成、编制原则等与现行的定额精神相一致。

(4) 审查工程量是否正确。审查工程量的计算是否根据初步设计图纸、概算定额、工程量计算规则和施工组织设计的要求进行，有无多算、重算和漏算，对工程量大、造价高的项目要重点审查。

(5) 审查材料的用量和价格。审查主要材料（钢材、木材、水泥、砖）的用量数据是否合理，材料预算价格是否符合工程所在地的价格水平，材料价差调整是否符合现行规定及其计算是否正确等。

(6) 审查设备的规格、数量和配置是否符合设计要求，是否与设备清单一致，设备预算价格是否真实，设备原价和运杂费的计算是否正确，非标准设备原价的计价方法是否符合规定，进口设备的各项费用的组成及计算程序、方法是否符合国家主管部门的规定。

(7) 审查建筑安装工程的各项费用的计取是否符合国家或地方有关部门的现行规定，计算程序和取费标准是否正确。

(8) 审查综合概算、总概算的编制内容及方法是否符合现行规定和设计文件的要求，有无设计文件外项目，有无将非生产性项目以生产性项目列入。

(9) 审查总概算文件的组成内容是否完整地包括了建设项目从筹建到竣工投产为止的全部费用。

(10) 审查工程建设其他各项费用。这部分费用内容多、弹性大，约占项目总投资的25%以上，必须按照国家和地区的相关规定逐项审查，不属于总概算范围的费用项目不能列入概算；审查具体费率或计取标准是否按国家、行业有关部门的规定计算，有无随意列项，有无多列、交叉计列和漏项等。

(11) 审查项目的“三废”治理。拟建项目必须同时制订“三废”（废水、废气、废渣）的治理方案和投资方案，对于未作安排、漏项或多算、重算的项目，要按国家有关规定核实投资方案，以使“三废”排放达到国家标准。

(12) 审查技术经济指标。审查技术经济指标的计算方法和程序是否正确；审查综合指标和单项指标与同类型工程指标相比，是偏高还是偏低，分析其原因，并予以纠正。

(13) 审查投资经济效果。设计概算是初步设计经济效果的反映，要按照生产规模、工艺流程、产品品种和质量，从企业的投资效益和投产后的运营效益角度全面审查其是否满足先进可靠、经济合理的要求。

（四）施工图预算的编制与审查

1. 施工图预算的概念

施工图预算是施工图设计预算的简称，又叫设计预算。它是由设计单位在施工图设计完成后，根据施工图设计图纸、现行预算定额、费用定额，以及地区设备、材料、人工、施工机械台班等预算价格，编制和确定的建筑安装工程造价。严格地讲，标底、投标报价都属于施工图预算。虽然它们编制的方法相似，但使用的定额、编制依据和结果都不一样。

2. 施工图预算的作用

施工图预算是设计阶段控制工程造价的重要环节，是控制施工图预算不突破设计概算的重要措施。施工图预算是编制或调整固定资产投资计划的依据。对于实行施工招标的工程，施工图预算是编制标底的依据，也是承包企业投标报价的基础。对于不宜实行招标而采用施工图预算加调整价结算的工程，施工图预算可作为确定合同价款的基础或作为审查施工企业提出的施工图预算的依据。

3. 施工图预算的内容

施工图预算包括单位工程预算、单项工程预算和建设项目总预算。单位工程预算是根据施工图设计文件、现行预算定额、费用标准，以及人工、材料、设备、机械台班等预算价格资料，以一定方法编制的单位工程的施工图预算。所有各单位工程施图预算的汇总即为单项工程施工图预算；所有单项工程施工图预算的汇总便是一个建设项目建筑安装工程的总预算。

4. 施工图预算的审查

审查施工图预算的重点，应该放在工程量计算是否准确，定额套用、各项取费标准是否符合现行规定，或单价计算是否合理等方面。

5. 施工图预算审查的方法

审查施工图预算的方法较多，主要有全面审查法、标准预算审查法、分组计算审查法等。

（1）全面审查法：又叫逐项审查法，是指按预算定额顺序或施工的先后顺序，逐一地全部进行审查的方法。其具体计算方法和审查过程与编制施工图预算基本相同。此方法的优点是全面、细致，经审查的工程预算差错比较少，质量比较高；缺点是工作量大。对一些工程量比较小、工艺比较简单的工程项目，若编制工程预算的技术力量比较薄弱，可采用全面审查法。

（2）标准预算审查法：是指对利用标准图纸或通用图纸施工的工程，先集中力量编制标准预算，再以此为标准审查工程预算的方法。按标准图纸或通用图纸施工

的工程，工程预算编制和造价方法基本相同，可集中力量细审一份预算或编制一份预算，以此作为这种标准图纸的标准预算，或以这种标准图纸的工程量为标准对照审查，而对局部不同的部分作单独审查。这种方法的优点是时间短、效果好、易定案；缺点是只适应按标准图纸设计的工程，适用范围小，具有局限性。

（3）分组计算审查法：这是一种加快审查工程量速度的方法。该方法把预算中的项目划分为若干组，并把相邻且有一定内在联系的项目编为一组，审查或计算同一组中某个分项工程量，利用工程量之间具有相同或相似计算基础的关系，判断同组中其他几个分项工程量计算的准确程度。

三、招投标阶段工程造价管理

（一）建设项目招标的概念

建设项目招标是指招标人（或招标单位）在发包建设项目之前，以公告或邀请书的方式提出招标项目的有关要求，公布招标条件，投标人（或投标单位）根据招标人（或招标单位）的意图和要求进行报价，择日当场开标，从中择优选定中标人的一种交易行为。

（二）建设项目招标的方式

1. 公开招标

公开招标又称为无限竞争招标，是由招标单位通过报刊、广播、电视、网络等途径发布招标广告，有意的承包商均可参加资格审查，审查合格的承包商可购买招标文件并参加投标的招标方式。

公开招标的优点：投标的承包商多、范围广、竞争激烈，业主有较大的选择余地，有利于降低工程造价，提高工程质量和缩短工期。

公开招标的缺点：由于投标的承包商多，招标工作量大，组织工作复杂，需投入较多的人力、物力，招标过程所需时间较长。公开招标方式主要用于政府投资项目，或投资额度大，工艺、结构复杂的较大型工程建设项目。

2. 邀请招标

邀请招标又称为有限竞争性招标。这种方式不发布广告，业主根据自己的经验和所掌握的信息资料，向有承担该项工程施工能力的 3 个以上（含 3 个）承包商发出招标邀请书，收到邀请书的单位才有资格参加投标。

邀请招标的优点：目标集中、招标的组织工作较容易、工作量比较小。

邀请投标的缺点：由于参加的投标单位较少，竞争性较差，招标单位对投标单位的选择余地不大，如果招标单位在选择邀请单位前所掌握的信息资料不足，那么会失去发现最适合承担该项目的承包商的机会。

注意：无论是公开招标还是邀请招标，都必须按规定的招标程序完成。

（三）建设项目招标程序

1. 编制招标文件

招标文件是招标单位向投标单位介绍招标工程情况和招标的具体要求的综合性文件。因此，招标文件的编制必须做到系统、完整、准确、明晰，即提出的要求和目标明确，使投标者一目了然。建设单位也可以根据具体情况，委托具有相应资质的咨询、监理单位代理招标。招标文件一般包括以下内容：

（1）工程综合说明书，包括项目名称、地址、工程内容、承包方式、建设工期、工程质量检验标准、施工条件等。

（2）施工图纸和必要的技术资料。

（3）工程款的支付方式。

（4）实物工程量清单。

（5）材料供应方式及主要材料、设备的订货情况。

（6）投标的起止日期和开标时间、地点。

（7）对工程的特殊要求及对投标企业的相应要求。

（8）合同主要条款。

（9）其他规定和要求。

招标文件一经发出，招标单位不得擅自改变，否则，应赔偿由此给投标单位造成的损失。

2. 编制标底

标底是招标单位给招标工程制定的预期价格。它是招标工作的核心文件，是择优选择承包单位的重要依据。国家规定，标底在开标前必须严格保密，如有泄露，对责任者要严肃处理，甚至给予法律制裁。标底在批准的概算或修正概算以内，由招标单位确定，但必须经招投标管理部门审查。目前，编制标底一般采用施工图预算的方法。

3. 公布招标信息

招标人采取公开招标方式的，应当发布招标公告，通过国家指定的报刊、信息网络或者其他媒介发布；采取邀请招标方式的，可以向有能力的承包商发出招标邀请书；采取议标的，可以邀请两家有能力的承包商直接协商。

4. 投标单位资格审查

招标人应对投标单位进行资格审查，确认其是否符合招标工程的条件。参加投标的单位，应按招标公告或通知规定的时间报送申请书，并附企业状况表或说明。其内容应包括：企业名称、地址、负责人姓名、开户银行及账号、企业所有制性质和隶属关系、营业执照和资质等级证书（复印件）、企业简历等。招标单位收到投标单位的申请书后，即审查投标单位的等级、承包任务的能力、财产赔偿能力及保证

人资信等，确定投标单位是否具备投标的资格。资格审查合格的投标单位可向招标单位购买招标文件。

5. 组织现场勘察并答疑

在投标单位初步熟悉招标文件后，由招标单位组织投标单位勘察现场，并解答他们对招标文件存在的疑问。

6. 接受投标单位的标书

资格审查合格的投标单位编制完标书后应在规定时间内报送招标单位。

7. 开标、评标、定标

（1）开标。招标单位按招标文件规定的时间和地点，在有投标单位、建设项目主管部门和法定公证人出席的情况下，当众启封有效标函并宣布各投标单位的报价和标函中的其他内容。开标时应确认标书的有效性。标书也有无效的情况，例如：标函未密封；投标单位未按规定的格式填写或填写字迹模糊、辨认不清；未加盖本单位公章和单位负责人的印鉴；寄达时间超过规定日期等。

（2）评标、定标。招标单位对所有有效标书进行综合分析评比，从中确定最理想的中标单位。确定中标单位的主要依据：标价合理，且具有一套完整的保证质量、安全、工期等的技术组织措施，社会信誉高，经济效益好。评标、定标可采用多目标决策中的打分法。首先，确定评价项目和评价标准，将评价的内容具体分解成若干目标并确定打分标准；其次，按各项目标的重要程度确定权重数；最后，由评委会成员给各个项目分别打分。将各项的评分乘以相应的权重数并汇总后得出总分，以总分最高的作为中标单位。确定中标单位后同时宣布定标。

8. 签订工程承包合同

招标单位与中标单位双方就招标的商定条款采用具有法律效力的合同形式固定下来，以便双方共同遵守。合同条款主要包括：工程名称和地点；工程范围和内容；整体工程的开、竣工日期及中间交工工程的开、竣工日期；工程质量保证及保修条件；工程预付款；工程款的支付、结算及交工验收办法；设计文件及概、预算和技术资料提供日期；材料和设备的供应和进厂期限；双方相互协作事项；违约责任等。

工程承包合同主要有以下几种类型：

（1）工程施工合同。

（2）总价合同。根据合同规定的工程施工内容和有关条件，发包人应付给承包人的款额是一个规定的金额，即明确的总价。总价合同也称为总价包干合同，即根据施工招标时的要求和条件，如果施工内容和有关条件不发生变化，业主付给承包人的价款总额就不发生变化。如果由于承包人的失误导致投标价错误，那么合同总价也不予调整。总价合同又分固定总价合同和变动总价合同。

① 固定总价合同。该类合同即合同总价一次包死，不因环境因素（如通货膨

胀、政策调整等）的变化而调整，承包人承担全部风险，通常仅当改变设计和合同工程范围变化时，才允许调整合同总价。这种合同适用于工期较短（一般不超过一年），且要求十分明确的项目。

在确定采用固定总价合同时，有时考虑到工程中的一些不可预见因素，往往采用固定工程量总价合同。发包人要求投标者在投标时按单价合同办法分别填报分项工程单价，并根据计算出的工程总价签订合同。原定工程项目全部完成后，根据合同总价付款给承包人；如果改变设计或增加新项目，就采用合同中已确定的单价来计算新的工程量并调整总价。这种方式适用于工程量变化不大的项目。

② 变动总价合同。承包人以总价结算，总价在合同执行中可以因环境因素的变化而调整。在这种合同中，发包人承担了通货膨胀的风险，而承包人则承担其他风险，一般适用于工期较长（一年以上）的项目。

（3）单价合同。若发包工程的内容和工程量一时不能明确、具体地予以规定，则可以采用单价合同形式。单价合同是指根据技术工程内容和估算工程量，在合同中明确每项工程内容的单位价格，支付时根据实际完成的工程量乘以合同单价计算应付的工程款。在实际工程中，单价合同分为以下三种形式：

① 估算工程量单价合同。这种合同是以工程量表和工程单价表为基础和依据来计算合同总价的。这种方式通常是由发包人委托咨询单位按分部分项工程列出工程量表及估算的工程量，由承包人以此为基础填报单价，据此计算出的合同总价作为投标报价的依据。在每月结账时，以实际完成的工程量结算；在工程全部完成时以竣工图最终结算工程的总价。采用这种合同，双方承担风险都不高，所以是比较常用的一种形式。

② 纯单价合同。采用这种形式的合同，发包人只向承包人给出发包工程的有关分部分项工程及工程范围，不对工程量做任何规定。承包人在投标时只需对这种给定范围的分部分项工程作出报价即可，工程量按实际完成的数量结算。这种合同形式主要适用于没有施工图，工程量不明，却急需开工的紧迫工程项目。

③ 单价与包干混合式合同。以估计工程量单价合同为基础，对其中某些不易计算工程量的分项工程（如施工导流、小型设备的购置与安装调试）采用包干办法；对能用某种单位计算工程量的，均要求报单价，在结账时，按实际完成的工程量及合同上的单价支付。由于单价合同允许随工程量变化而调整工程总价，业主和承包商都不存在工程量方面的风险，因此对合同双方都公平。另外，在招标前，发包单位无须对工程范围作出完整的、详细的规定，从而可以缩短招标准备时间；投标人也只需对所列工程内容报出自己的单价，从而缩短投标时间。

（4）成本加酬金合同。成本加酬金合同也称为成本补偿合同。工程施工的最终合同价格将按照工程的实际成本加上一定的酬金进行计算。在合同签订时，工程实际成本往往不能确定，只能确定酬金的取值比例或者计算原则。

四、工程施工阶段工程造价管理

施工阶段是实现建设工程价值的主要阶段，也是资金投入最大的阶段。在实践中往往把施工阶段作为工程造价控制的重要阶段。在施工阶段，工程造价控制的主要任务是通过工程付款控制、工程变更费用控制、预防并处理好费用索赔、挖掘节约工程造价潜力来实现实际发生费用不超过计划投资的目标。施工阶段工程造价控制的工作内容包括组织工作、技术工作、经济工作、合同工作等方面。

1. 组织工作

（1）在项目管理班子中落实从工程造价控制角度进行施工跟踪的人员分工、任务分工和职能分工等。

（2）编制本阶段工程造价的工作计划和详细的工作流程图。

2. 技术工作

（1）对设计变更进行技术系统比较，严格控制设计变更。

（2）继续寻找通过设计挖掘节约工程造价的可能性。

（3）审核承包人编制的施工组织设计，对主要施工方案进行技术经济分析。

3. 经济工作

（1）编制资金使用计划，确定、分解工程造价控制目标。

（2）对工程项目造价控制目标进行风险分析，并确定防范性对策。

（3）进行工程计量。

（4）复核工程支付账单，签发支付证书。

（5）在施工过程中进行工程造价跟踪控制，定期进行造价实际支出值与计划值的比较。若发现偏差，则分析产生偏差的原因，并采取纠偏措施。

（6）协商确定工程变更的价款。

（7）审核竣工结算。

（8）对工程施工过程中的造价支出做好分析与预测，经常或定期向业主提交项目造价控制及其存在的问题的报告。

4. 合同工作

（1）做好工程施工记录，保存各种文件图纸，特别要注意有实际变更情况的图纸等，为可能发生的索赔提供依据。

（2）参与处理索赔事宜。

（3）参与合同修改、补充工作，并分析其对造价控制的影响。

五、竣工验收阶段工程造价管理

（一）竣工决算

竣工决算是以实物量和货币指标为计量单位，综合反映竣工项目从筹建开始到项目竣工交付使用为止的全部建设费用、建设成果和财务情况的总结性文件，是竣工验收报告的重要组成部分。竣工决算的内容包括工程项目竣工财务决算、工程竣工图和工程造价对比分析三部分。

工程项目竣工财务决算由竣工财务决算报表和竣工财务决算说明书两部分组成，是工程决算的核心内容。

（二）新增资产价值的确定

新增资产可分为固定资产、流动资产、无形资产和其他资产。

1. 固定资产

新增固定资产价值的构成如下：

（1）已经投入生产或者交付使用的建筑安装工程价值，主要包括建筑工程费和安装工程费。

（2）达到固定资产使用标准的设备、工具及器具的购置费用。

（3）预备费，主要包括基本预备费和涨价预备费。

（4）其他费用，主要包括建设单位管理费、研究试验费、设计勘察费、工程监理费、联合试运转费、引进技术和进口设备的费用等。

2. 流动资产

依据投资概算拨付的项目铺底流动资金，由建设单位直接移交使用单位。企业流动资产一般包括：货币资金，如库存现金、银行存款等；原材料、库存商品；未达到固定资产使用标准的工具和器具的购置费用，企业应按照其实际价值确定流动资产。

3. 无形资产

无形资产是指没有实物形态、可辨认的非货币性资产。

无形资产包括货币资金、应收账款、金融资产、长期股权投资、专利权、商标权等。无形资产没有物质实体，表现为某种法定权利或技术。

4. 其他资产

其他资产是指不能被包括在流动资产、固定资产、无形资产等项目内的资产，主要包括长期待摊费用和其他长期资产。

第二章 工程分类

第一节　工程项目划分

一、建设项目

建设项目一般是指在一个总体设计或初步设计范围内，由一个或几个相互关联的单项工程组成，在经济上实行独立核算，在行政上具有独立的组织形式，实行统一管理的建设工程。凡属于一个总体设计范围内分期、分批进行建设的主体工程和相应的附属配套工程、综合利用工程、供水供电工程等，都应统作为一个工程建设项目；该工程建设项目不能按地区或施工承包单位划分为若干个工程建设项目，如一座工厂、一所学校、一所医院等。此外，也不能将不属于一个总体设计范围内的工程，按各种方式归算为一个工程建设项目。

二、单项工程

单项工程是建设项目的组成部分，一般是指在一个建设项目中具有独立的设计文件，竣工后能够独立发挥生产能力或效益的工程项目。例如，工业建设项目中，某工厂的生产车间、办公楼、住宅等即可称为单项工程；非工业建设项目中，某学校的教学楼、食堂、宿舍等也可称为单项工程。

三、单位工程

单位工程是单项工程的组成部分，一般是指具备独立组织施工条件以及单独进行成本核算，但竣工后不能独立进行生产或发挥效益的工程项目。一个单项工程可以仅包括一个单位工程，也可以包括多个单位工程；对于建设规模较大的单位工程，还可将其能发挥独立使用功能的部分划分为若干子单位工程。

四、分部工程

分部工程是单位工程的组成部分，一般按单位工程的结构部位、专业性质划分。一般工业与民用建筑工程可划分为土石方工程、地基处理与边坡支护工程、桩基工程、砌筑工程、混凝土及钢筋混凝土工程、金属结构工程、木结构工程、门窗工程、屋面及防水工程、楼地面装饰工程等部分，其相应的建筑设备安装工程由建筑采暖工程、建筑电气安装工程、通风与空调工程、电梯安装工程等组成。

五、分项工程

分项工程是分部工程的组成部分，一般按主要工种、材料、施工工艺、设备类别等进行划分。例如，钢筋混凝土工程可分为钢筋工程、模板工程、混凝土工程等。分项工程既是建筑施工生产活动的基础，也是计量工程用工用料和机械台班消耗的基本单元；同时，又是工程质量形成的直接过程。分项工程既有其作业活动的独立性，又有相互联系、相互制约的整体性。

第二节　工程造价的构成

一、概述

建设项目投资是指一个工程项目在建设阶段所需要花费的全部费用的总和。生产性建设项目总投资包括建设投资、建设期利息和流动资金三部分；非生产性建设项目总投资包括建设投资和建设期利息两部分。其中，建设投资和建设期利息之和对应于固定资产投资，固定资产投资与建设项目的工程造价在量上相等。

由于工程造价具有大额性、动态性、兼容性等特点，要有效管理工程造价，必须按照一定的标准对工程造价的费用构成进行分解。一般可以按建设资金支出的性质、途径等方式来分解工程造价。工程造价的基本构成包括用于购买工程项目所含各种设备的费用、用于建筑施工和安装施工所需支出的费用、用于委托工程勘察设计应支付的费用、用于购置土地所需支出的费用，以及用于建设单位自身进行项目筹建和项目管理所花费的费用等。总之，工程造价是按照确定的建设内容、建设规模、建设标准、功能要求和使用要求等，将工程项目全部建成并验收合格交付使用所需的全部费用。

建设项目工程造价即指固定资产投资，其主要的构成部分是建设投资。建设投资包括工程费用、工程建设其他费用和预备费三部分。工程费用是指直接构成固定资产实体的各种费用，可以分为建筑安装工程费和设备及工器具购置费；工程建设

其他费用是指根据国家有关规定应在投资中支付，并列入建设项目总造价或单项工程造价的费用；预备费是指为保证工程项目的顺利实施，避免在难以预料的情况下造成投资不足而预先准备的一笔费用。

二、设备及工器具购置费的构成

设备及工器具购置费用由设备购置费用和工器具及生产准备费用组成，它是固定资产投资中的积极部分。

（一）设备购置费的构成及计算

设备购置费是指按照建设项目设计文件要求，建设单位（或其委托单位）购置或自制的达到固定资产标准的各种国产或进口设备、工具、器具所需的费用。它由设备原价和设备运杂费两部分构成，即：设备购置费=设备原价+设备运杂费。其中，设备原价是指国产设备或进口设备的原价；设备运杂费是指除设备原价之外的关于设备采购、运输、途中包装及仓库保管等方面支出费用的总和。

1. 国产设备原价的构成及计算

国产设备原价一般指的是设备制造厂的交货价或订货合同价。它一般根据生产厂或供应商的询价、报价、合同价确定，或采用一定的方法计算确定。国产设备原价分为国产标准设备原价和国产非标准设备原价。

（1）国产标准设备原价。国产标准设备是指按照主管部门颁布的标准图纸和技术要求，由我国设备生产厂批量生产的、符合国家质量检测标准的设备。国产标准设备原价一般是设备制造厂的交货价，即出厂价。设备出厂价有两种，一是带有备件的出厂价，二是不带有备件的出厂价。在计算设备原价时，应按带有备件的出厂价计算。若设备由设备成套公司供应，则应以订货合同价为设备原价。

（2）国产非标准设备原价。国产非标准设备是指国家尚无定型标准，各设备生产厂不可能在工艺过程中批量生产，只能按一次订货，并根据具体的设计图纸制造的设备。非标准设备由于单件生产、无定型标准，所以无法获取市场交易价格，只能按其成本构成或相关技术参数估算其价格。非标准设备原价有多种不同的计算方法，如成本计算估价法、系列设备插入估价法、分部组合估价法、定额估价法等。但无论采用哪种方法都应该使非标准设备计价接近实际出厂价，并且计算方法要简便。按成本计算估价法，非标准设备的原价由以下各项组成。

① 材料费，计算公式如下：材料费=材料净重×（1+加工损耗系数）×每吨材料综合价。

② 加工费，包括生产工人工资和工资附加费、燃料动力费、设备折旧费、车间经费等。计算公式如下：加工费=设备总质量（吨）×设备每吨加工费。

③ 辅助材料费，包括焊条、焊丝、氧气、氩气、氮气、油漆、电石等费用。计

算公式如下：辅助材料费=设备总质量×辅助材料费指标。

④ 专用工具费，按材料费、加工费、辅助材料费之和乘以一定的百分比计算。

⑤ 废品损失费，按材料费、加工费、辅助材料费、专用工具费之和乘以一定的百分比计算。

⑥ 外购配套件费，根据设备设计图纸所列的外购配套件的名称、型号、规格、数量、质量，按它们相应的价格加运杂费计算。

⑦ 包装费，按材料费、加工费、辅助材料费、专用工具费、废品损失费、外购配套件费之和乘以一定的百分比计算。

⑧ 利润，按材料费、加工费、辅助材料费、专用工具费、废品损失费、包装费之和乘以一定的利润率计算。

⑨ 税金，主要指增值税。计算公式如下：增值税=当期销项税额-进项税额，当期销项税额=销售额×适用增值税率。式中，销售额为材料费、加工费、辅助材料费、专用工具费、废品损失费、外购配套件费、包装费、利润之和。

⑩ 非标准设备设计费，按国家规定的设计费收费标准计算。

综上所述，单台非标准设备原价的计算公式如下：单台非标准设备原价={[（材料费+加工费+辅助材料费）×（1+专用工具费率）×（1+废品损失率）+外购配套件费]×（1+包装费率）-外购配套件费}×（1+利润率）+销项税金+非标准设备设计费+外购配套件费。

2. 进口设备原价的构成及计算

进口设备原价是指进口设备的抵岸价，即抵达买方边境港口或边境车站，且交完关税等税费后形成的价格。它通常由进口设备到岸价（CIF）和进口从属费构成。进口设备到岸价是指设备抵达买方边境港口或边境车站的价格。进口设备到岸价的构成与进口设备的交货类别有关。进口从属费包括银行财务费、外贸手续费、手续费、进口关税、消费税、进口环节增值税等，进口车辆还需缴纳车辆购置税。

（1）进口设备的交货类别可分为内陆交货类、目的地交货类和装运港交货类三种。

① 内陆交货类：即卖方在出口国内陆的某个地点交货。在交货地点，卖方及时提交合同规定的货物和有关凭证，并负担交货前的一切费用和风险；买方按时接受货物，交付货款，负担接货后的一切费用和风险，并自行办理出口手续和装运出口。货物的所有权也在交货后由卖方转移给买方。

② 目的地交货类：即卖方在进口国的港口或内地交货，有目的港船上交货价、目的港船边交货价和目的港码头交货价（关税已付）及完税后交货价（进口国的指定地点）等几种交货价。它们的特点是：买卖双方承担的责任、费用和风险以目的地约定交货点为分界线，只有当卖方在交货点将货物置于买方控制下才算交货成功，

才能向买方收取贷款。这种交货类别对卖方来说承担的风险较大，在国际贸易中卖方一般不愿采用。

③ 装运港交货类：即卖方在出口国装运港交货，主要有装运港船上交货价（FOB，习惯称离岸价格）、运费在内价（CFR）和运费、保险费在内价（CIF，习惯称到岸价格）。它们的特点是：卖方按照约定的时间在装运港交货，只要卖方把合同规定的货物装船后提供货运单据便完成了交货任务，可凭单据收回货款。装运港船上交货价是我国进口设备采用最多的一种交货价方式。

（2）进口设备抵岸价的构成及计算。计算公式如下：进口设备抵岸价=货价+国际运费+运输保险费+银行财务费+外贸手续费+关税+消费税+进口环节增值税（+车辆购置税）。进口设备抵岸价由以下各项构成。

① 货价：一般指装运港船上交货价（FOB）。设备货价分为原币货价和人民币货价，原币货价一律折算为以美元表示，人民币货价按原币货价乘以外汇市场美元兑换人民币汇率的中间价确定。进口设备货价按有关生产厂商询价、报价、订货合同价计算。

② 国际运费：即从装运港（站）到达我国抵达港（站）的运费。我国进口设备国际运费的计算公式如下：国际运费（海、陆、空）=原币货价（FOB）×运费率，国际运费（海、陆、空）=运量×单位运价。式中，运费率或单位运价参照有关部门或进出口公司的规定执行。

③ 运输保险费：对外贸易货物运输保险是由保险人（保险公司）与被保险人（出口人或进口人）订立保险契约，在被保险人交付议定的保险费后，保险人根据保险契约的规定对货物在运输过程中发生的承保责任范围内的损失给予经济上的补偿。这是一种财产保险。

上述三项费用（货价、国际运费、运输保险费）之和称为到岸价格（CIF）。

④ 银行财务费：一般是指在国际贸易结算中，中国银行为进出口商提供金融结算服务所收取的费用。计算公式如下：银行财务费=离岸价格（FOB）×人民币外汇汇率×银行财务费率。

⑤ 外贸手续费：是指按我国商务部规定的外贸手续费率计取的费用，一般取1.5%。计算公式如下：外贸手续费=到岸价格（CIF）×人民币外汇汇率×外贸手续费率。

⑥ 关税：由海关对进出国境或关境的货物和物品征收的一种税。计算公式如下：关税=到岸价格（CIF）×人民币外汇汇率×进口关税税率。到岸价格作为关税的计征基数时，通常又可称为关税完税价格。进口关税税率分为优惠税率和普通税率两种。优惠税率适用于与我国签订关税互惠条款的贸易条约或协定的国家的进口设备；普通税率适用于未与我国签订关税互惠条款的贸易条约或协定的国家的进口设备。进

口关税税率按我国海关总署发布的进口关税税率计算。

⑦ 消费税：仅对部分进口设备（如轿车、摩托车等）征收。

⑧ 进口环节增值税：是对从事进口贸易的单位和个人，在进口商品报关进口后征收的税种。《中华人民共和国增值税暂行条例》规定，进口应税产品均按组成计税价格和增值税税率直接计算应纳税额。计算公式如下：进口环节增值税＝组成计税价格×增值税税率，组成计税价格＝关税完税价格+关税+消费税。式中，增值税税率按相关规定的税率计取。

⑨ 车辆购置税，进口车辆需缴进口车辆购置税。计算公式如下：进口车辆购置税＝（关税完税价格+关税+消费税）×进口车辆购置附加税率。

（二）设备运杂费的构成及计算

1. 设备运杂费的构成

（1）运费和装卸费：对于国产设备，是指由设备制造厂交货地点起至工地仓库（或施工组织设计指定的需要安装设备的堆放地点）止所发生的运费和装卸费；对于进口设备，是指由我国到岸港口或边境车站起至工地仓库（或施工组织设计指定的需安装设备的堆放地点）止所发生的运费和装卸费。

（2）包装费：是指在设备原价中没有包含的、为运输而采用的包装支出的各种费用。若在设备出厂价或进口设备价格中已包括此项费用，则不应重新计算。

（3）设备供销部门的手续费：按有关部门规定的统一费率计算。

（4）采购与仓库保管费：是指采购、验收、保管和收发设备所发生的各种费用，包括设备采购人员、保管人员和管理人员的工资、工资附加费、办公费、差旅交通费，设备供应部门办公和仓库所占固定资产使用费、工具用具使用费、劳动保护费、检验试验费等，这些费用可按主管部门规定的采购与保管费费率计算。

2. 设备运杂费的计算

一般来讲，沿海和交通便利的地区，设备运杂费相对较低；内地和交通不是很便利的地区，设备运杂费相对较高，边远省份则更高。对于非标准设备，应尽量就近委托设备制造厂、施工企业制作或由建设单位自行制作，以大幅度降低设备运杂费。进口设备由于原价较高，国内运距较短，因而设备运杂费率应适当降低。设备运杂费的计算公式为：设备运杂费＝设备原价×设备运杂费率。式中，设备运杂费率按各部门及省、市等的规定计取。

三、工器具及生产准备费的构成及计算

工器具及生产准备费是指新建项目或扩建项目初步设计规定所必须购置的不够固定资产标准的设备、仪器、工卡模具、器具、生产家具和备品备件的费用。其一般以设备购置费为计算基数，按照部门或行业规定的工具、器具及生产家具费率计算。

计算公式如下：工器具及生产准备费=设备购置费×定额费率。

四、建筑安装工程费的构成

建筑安装工程费是指建设单位支付给从事建筑安装工程的施工单位的全部生产费用，包括用于建筑物、构筑物的建造及有关的准备、清理等工程的投资；用于需要安装设备的安置、装配工程的投资。它是以货币形式表现的建筑安装工程的价值，包括建筑工程费和安装工程费两部分。建筑安装工程费占项目总投资的50%~60%。

（一）建筑工程费

建筑工程费包括以下几个方面：① 各类房屋建筑工程和列入房屋建筑工程预算的供水、供暖、卫生、通风、煤气等设备费用及其装设、油饰工程的费用，列入建筑工程预算的各种管道、电力、电信和电缆导线敷设工程的费用；② 设备基础、支柱、工作台、烟囱、水塔、水池、灰塔等建筑工程，以及各种炉窑的砌筑工程和金属结构工程的费用；③ 为施工而进行的场地平整，工程和水文地质勘察，原有建筑物和障碍物的拆除，以及施工临时用水、电、气、路，完工后的场地清理，环境绿化、美化等工作的费用；④ 矿井开凿，井巷延伸，露天矿剥离，石油、天然气钻井，修建铁路、公路、桥梁、水库、堤坝、灌渠及防洪等工程的费用。

（二）安装工程费

安装工程费包括以下几个方面：① 生产、动力、起重、运输、传动和医疗等各种需要安装的机械设备的装配费用，与设备相连的工作台、梯子、栏杆等设施的工程费用，附属于被安装设备的管线敷设工程费用，以及被安装设备的绝缘、防腐、保温、油漆等工作的材料费和安装费；② 为测定安装工程质量，对单台设备进行单机试运转、对系统设备进行系统联动无负荷试运转工作的调试费。

我国现行建筑安装工程费主要由四部分组成，即直接费、间接费、利润和税金。

1. 直接费

直接费由直接工程费和措施费组成。

（1）直接工程费：是指施工过程中耗费的构成工程实体的各项费用，包括人工费、材料费、施工机械使用费。计算公式如下：直接工程费=人工费+材料费+施工机械使用费。

1）人工费：是指直接从事建筑安装工程施工的生产工人所开支的各项费用。构成人工费的基本要素有两个，即人工工日消耗量和人工日工资单价。人工费的计算公式如下：人工费=∑（人工工日消耗量×人工日工资单价）。式中，人工工日消耗量是指在正常施工生产条件下，生产单位假定建筑安装产品（分部分项工程或结构构件）必须消耗的某种技术等级的人工工日数量；人工日工资单价包括生产工人基本工资、工资性补贴、生产工人辅助工资、职工福利费及生产工人劳动保护费。

① 生产工人基本工资，是指发放给生产工人的基本工资。

② 工资性补贴，是指按规定标准发放的物价补贴，煤、燃气补贴，交通补贴，住房补贴和流动施工津贴等。

③ 生产工人辅助工资，是指生产工人年有效施工天数以外非作业天数的工资，包括职工学习、培训期间的工资，调动工作、探亲、休假期间的工资，因气候影响的停工工资，女工哺乳时期的工资，病假在六个月以内的工资及产、婚、丧假期的工资。

④ 职工福利费，是指按规定标准计提的职工福利费。

⑤ 生产工人劳动保护费，是指按规定标准发放的劳动保护用品的购置费及修理费、徒工服装补贴、防暑降温费、在有碍身体健康环境中施工的保健费用等。

2）材料费：是指施工过程中耗费的构成工程实体的原材料、辅助材料、构配件、零件、半成品的费用。构成材料费的基本要素是材料消耗量、材料基价和检验试验费。材料消耗量是指在合理使用材料的条件下，生产单位假定建筑安装产品（分部分项工程或结构构件）必须消耗一定品种规格的材料、半成品、构配件等的数量标准。材料基价是指材料在购买、运输、保管过程中形成的价格，其内容包括材料原价（或供应价格）、材料运杂费、运输损耗费、采购及保管费等。

① 材料原价（或供应价格），是指材料出厂价格、商业部门的批发价格、交货地点的价格。

② 材料运杂费，是指材料自来源地运至工地仓库或指定堆放地点所发生的全部费用，包括运输费、装卸费、运输保险费、调车费、过磅费等。

③ 运输损耗费，是指材料在运输装卸过程中因不可避免的损耗所引起的费用。

④ 采购及保管费，是指为组织采购、供应和保管材料过程中所需要的各项费用，包括采购费、仓储费、工地保管费、仓储损耗。

⑤ 检验试验费，是指对建筑材料、构件和建筑安装物进行一般鉴定、检查所发生的费用，包括自设试验室进行试验所耗用的材料和化学药品等费用，不包括新结构、新材料的试验费和建设单位对具有出厂合格证明的材料进行检验，对构件做破坏性试验及其他特殊要求检验试验的费用。

3）施工机械使用费：是指施工机械作业所发生的机械使用费及机械安拆费和场外运费。构成施工机械使用费的基本要素是施工机械台班消耗量和施工机械台班单价。施工机械台班消耗量是指在正常施工条件下，生产单位合格产品（分部分项工程或结构构件）必须消耗的某种型号施工机械的台班数量。施工机械台班单价由下列七项费用组成：

① 折旧费，是指施工机械在规定的使用年限内，陆续收回其原值及购置资金的时间价值。

② 大修理费，是指施工机械按规定的大修理间隔台班进行必要的大修理，以恢复其正常功能所需的费用。

③ 经常修理费，是指施工机械除大修理以外的各级保养和临时故障排除所需的费用。它包括为保障机械正常运转所需替换设备与随机配备工具、附具的摊销和维护费用，机械运转中日常保养所需润滑与擦拭的材料费用，以及机械停滞期间的维护和保养费用等。

④ 安拆费及场外运费。安拆费指施工机械在现场进行安装与拆卸所需的人工、材料、机械和试运转费用及机械辅助设施的折旧、搭设、拆除等费用；场外运费指施工机械整体或分体由自停放地点运至施工现场或由一施工地点运至另一施工地点的运输、装卸、所需辅助材料及架线等费用。

⑤ 人工费，是指机上司机（司炉）和其他操作人员的工作日人工费及上述人员在施工机械规定的年工作台班以外的人工费。

⑥ 燃料动力费，是指机械在运转或施工作业中所消耗的固体燃料（煤、木柴）、液体燃料（汽油、柴油）及水、电费用等。

⑦ 养路费及车船使用税，是指施工机械按照国家规定和有关部门规定应缴纳的养路费、车船使用税、保险费及年检费等。

（2）措施费：是指实际施工中必须发生的施工准备和施工过程中技术、生活、安全、环境保护等方面的非工程实体项目的费用。所谓非工程实体项目，是指其费用的发生和金额的大小与使用时间、施工方法或者两个以上工序有关，并且不形成最终实体的工程，如大型机械设备进出场及安拆、文明施工和安全防护、临时设施等。措施项目的构成需考虑多种因素，除工程本身的因素外，还涉及水文、气象、环境、安全等因素。

措施项目费是指按照国家现行的建筑施工安全、施工现场环境与卫生标准和有关规定，购置和更新施工安全防护用具及设施、改善安全生产条件和作业环境所需的费用。建筑工程安全防护、文明施工措施费由环境保护费、文明施工费、安全施工费、临时设施费组成。

2. 间接费

间接费是指虽然不直接由施工的工艺过程所引起，但却与工程的总体有关的为组织施工和进行经营管理，以及间接为建筑安装生产服务的各项费用。间接费由规费、企业管理费组成。

（1）规费：是指政府和有关权力部门规定必须缴纳的费用。规费主要包括工程排污费、工程定额测定费和社会保障费。

1）工程排污费，是指施工现场按规定缴纳的工程排污费。

2）工程定额测定费，是指按规定支付工程造价（定额）管理部门的定额测定费。

3）社会保障费。

① 养老保险费，是指企业按照国家规定标准为职工缴纳的基本养老保险费。

② 失业保险费，是指企业按照国家规定标准为职工缴纳的失业保险费。

③ 医疗保险费，是指企业按照国家规定标准为职工缴纳的基本医疗保险费。

④ 住房公积金，是指企业按照国家规定标准为职工缴纳的住房公积金。

⑤ 危险作业意外伤害保险，是指按照建筑法相关规定，企业为从事危险作业的建筑安装施工人员支付的意外伤害保险费。

（2）企业管理费：是指建筑安装企业组织施工生产和经营管理所需的费用。企业管理费主要包括管理人员工资、办公费、差旅交通费、固定资产使用费、工具用具使用费、劳动保险费、工会经费、职工教育经费、财产保险费、财务费、税金和其他费用。

① 管理人员工资，是指管理人员的基本工资、工资性补贴、职工福利费、劳动保护费等。

② 办公费，是指企业管理办公用文具、纸张、账表、印刷、邮电、书报、会议、水电、燃煤（气）等所产生的费用。

③ 差旅交通费，是指职工因公出差、调动工作的差旅费，住勤补助费，市内交通费和误餐补助费，职工探亲路费，劳动力招募费，离退休职工一次性路费，工伤人员就医路费，工地转移费和管理部门使用的交通工具的油料、燃料、牌照及养路费。

④ 固定资产使用费，是指管理和试验部门及附属生产单位使用的属于固定资产的房屋、设备仪器等的折旧、大修、维修或租赁费。

⑤ 工具用具使用费，是指管理使用的不属于固定资产的工具、用具、家具、交通工具和检验、试验、测绘、消防等的购置、维修和摊销费。

⑥ 劳动保险费，是指由企业支付离退休职工的易地安家补助费、职工退职金、六个月以上的病假人员工资、职工死亡丧葬补助费、抚恤费、按规定支付给离休干部的各项经费。

⑦ 工会经费，是指企业按职工工资总额计提的工会经费。

⑧ 职工教育经费，是指企业为职工学习先进技术和提高文化水平，按职工工资总额计提的费用。

⑨ 财产保险费，是指施工管理用财产、车辆等的保险费用。

⑩ 财务费，是指企业为筹集资金而发生的各种费用。

⑪ 税金，是指企业按规定缴纳的房产税、车船使用税、土地使用税、印花税等。

⑫ 其他费用，包括技术转让费、技术开发费、业务招待费、绿化费、广告费、公证费、法律顾问费、审计费、咨询费等。

3. 利润和税金

建筑安装工程费中的利润和税金是建筑安装企业职工为社会劳动所创造的那部分价值在建筑安装工程造价中的体现。

利润是指施工企业完成所承包工程获得的盈利，它是按相应的计算基数乘以利润率来确定的。其计算公式为：利润=计算基数×利润率。式中，计算基数可采用“直接费和间接费合计”“直接费中的人工费和机械费合计”或“直接费中的人工费合计”。

税金是指国家税法规定的应计入建筑安装工程造价内的营业税、城市维护建设税及教育费附加等。其计算公式为：税金=营业税+城市维护建设税+教育费附加，营业税=计税营业额×3%，城市维护建设税=营业税×适用税率。式中，适用税率：纳税人所在地为城市市区的，税率为7%；纳税人所在地为县城、建制镇的，税率为5%；纳税人所在地不在城市市区、县城或者建制镇的，税率为1%。

五、工程建设其他费用组成

工程建设其他费用是指应在建设项目的建设投资中开支的、为保证工程建设顺利完成和交付使用后能够正常发挥效用而发生的固定资产其他费用、无形资产费用和其他资产费用。与工程建设有关的其他费用主要包括建设管理费、建设用地费、可行性研究费、勘察设计费和环境影响评价费等。

（一）建设管理费

建设管理费是指建设单位从项目立项、筹建开始至施工全过程、联合试运转、竣工验收、交付使用及项目后评估等建设全过程所发生的管理费用，包括建设单位管理费、工程监理费。

1. 建设单位管理费

建设单位管理费是指建设单位发生的管理性质的开支，包括工作人员工资、工资性补贴、施工现场津贴、职工福利费、住房基金、基本养老保险费、基本医疗保险费、失业保险费、工伤保险费、办公费、差旅交通费、劳动保护费、工具用具使用费、固定资产使用费、必要的办公及生活用品购置费、必要的通信设备及交通工具购置费、零星固定资产购置费、招募生产工人费、技术图书资料费、业务招待费、设计审查费、工程招标费、合同契约公证费、法律顾问费、咨询费、完工清理费、竣工验收费、印花税和其他管理性质开支。

建设单位管理费按照工程费用之和（包括设备工具购置费和建筑安装工程费）乘以建设单位管理费费率计算。计算公式为：建设单位管理费=工程费用×建设单位管理费费率。式中，建设单位管理费费率按照建设项目的不同性质、不同规格来确定。有的建设项目按照建设工期和规定的金额计算建设单位管理费。若采用监理，则建设单位部分管理工作量转移至工程监理单位。

2. 工程监理费

工程监理费是指建设单位委托工程监理单位实施工程监理的费用。

工程监理费应根据委托的监理工作范围和监理深度在监理合同中商定或按当地或所属行业部门有关规定计算。若建设单位采用工程总承包方式，则其总包管理费由建设单位与总包单位根据总包工作范围在合同中商定，从建设管理费中支出。

（二）建设用地费

任何一个建设项目都固定于一定地点、与地面相连接，必须占用一定量的土地，也就必然要发生为获得建设用地而支付的费用，这就是建设用地费。它是指为通过划拨方式取得土地使用权而支付的土地征用及迁移补偿费，或者为通过土地使用权出让方式取得土地使用权而支付的土地使用权出让金。

1. 土地征用及迁移补偿费

土地征用及迁移补偿费是指建设项目为通过划拨方式取得无限期的土地使用权，依照《中华人民共和国土地管理法》等规定所支付的费用。土地征用及迁移补偿费内容包括：① 土地补偿费；② 青苗补偿费；③ 附着物补偿费（被征用土地上的房屋、水井、树木等）；④ 安置补助费；⑤ 缴纳的耕地占用税或城镇土地使用税、土地登记费及征地管理费；⑥ 征地动迁费；⑦ 水利水电工程水库淹没处理补偿费等。

2. 土地使用权出让金

土地使用权出让金是指建设项目为通过土地使用权出让方式取得有限期的土地使用权，依照《中华人民共和国城镇国有土地使用权出让和转让暂行条例》规定支付的土地使用权出让金。

（三）可行性研究费

可行性研究费是指在建设项目前期工作中，编制和评估项目建议书（或预可行性研究报告）、可行性研究报告所需的费用。此项费用应依据前期研究委托合同计列，或参照《国家计委关于印发〈建设项目前期工作咨询收费暂行规定〉的通知》（计价格〔1999〕1283号）规定计算。

（四）勘察设计费

勘察设计费是指委托勘察设计单位进行工程水文地质勘察、工程设计所发生的各项费用，包括工程勘察费、初步设计费、施工图设计费、设计模型制作费等。

（五）环境影响评价费

环境影响评价费是指按照《中华人民共和国环境保护法》《中华人民共和国环境影响评价法》等规定，为全面、详细评价本建设项目对环境可能产生的污染或造成的重大影响所需的费用，包括编制环境影响报告书（含大纲）、环境影响报告表及对环境影响报告书（含大纲）、环境影响报告表进行评估等所需的费用。

六、预备费

预备费包括基本预备费和涨价预备费两部分。

1. 基本预备费

基本预备费是指在初步设计和概算中难以预料的费用。具体内容包括：在技术设计、施工图设计和施工过程中，在批准的初步设计范围内所增加的工程及费用；为补偿一般自然灾害所造成的损失和预防自然灾害所采取的措施的费用；工程竣工验收时，为鉴定工程质量，必须开挖和修复的隐蔽工程的费用。

基本预备费一般以工程费用和工程建设其他费用之和作为计算基数，根据计算基数乘以基本预备费率进行计算。计算公式为：基本预备费=(工程费用+工程建设其他费用)×基本预备费率。式中，基本预备费率的取值应执行国家及有关部门的规定。

2. 涨价预备费

涨价预备费是指对建设工期较长的投资项目，在建设期内因可能发生的材料、人工、设备、施工机械等价格上涨，以及资产利率、汇率等变化，而引起项目投资增加，需要事先预留的费用。

第三章

工程预算管理

第一节　施工图预算编制

一、施工图预算编制简介

（一）施工图预算的概念

从传统意义上讲，施工图预算是指在施工图设计完成后、工程开工前，根据已批准的施工图纸，在施工方案或施工组织设计已确定的前提下，按照国家或省、市颁发的现行预算定额、费用标准、材料预算价格等有关规定，逐项计算工程量、套用相应定额、进行工料分析、计算直接费，并计取间接费、计划利润、税金等费用，确定单位工程造价的技术经济文件。

从现实意义上讲，只要是按照施工图纸及计价所需的各种依据，在工程实施前所计算的工程价格，均可称为施工图预算价格。该施工图预算价格可以是按照主管部门统一规定的预算单价、取费标准、计价程序计算得到的计划中的价格，也可以是根据企业自身的实力和市场供求及竞争状况计算的反映市场的价格。

（二）施工图预算的作用

（1）施工图预算是确定工程造价的依据。它既可以作为建设单位招标的“标底”，也可以作为施工企业投标时“报价”的参考。

（2）施工图预算是施工企业安排调配施工力量、组织材料供应的依据。施工单位各职能部门可依此编制劳动力计划和材料供应计划，做好施工前的准备。

（3）施工图预算是施工单位实行经济核算和进行成本管理的依据。正确编制施工图预算和确定工程造价，有利于巩固与加强施工企业的经济核算，有利于发挥价值规律的作用。

（4）施工图预算是进行“两算”对比的依据。“两算”对比是指施工图预算与施工预算的对比；施工图预算确定的是工程预算成本，施工预算确定的是工程计划

成本。它们分别从不同角度确定同一对象的成本。

（三）施工图预算的编制要求

1. 施工图预算编制的一般规定

（1）施工图总预算应控制在已批准的设计总概算投资范围以内。

（2）施工图预算总投资包含建筑工程费、设备及工器具购置费、安装工程费、工程建设其他费用、预备费、建设期贷款利息等。

（3）施工图预算的编制应保证编制依据的合法性、全面性和有效性，以及预算编制成果文件的准确性、完整性。

（4）施工图预算应考虑施工现场的实际情况，并结合拟建建设项目合理的施工组织设计进行编制。

2. 施工图预算的编制依据

编制依据是指编制建设项目施工图预算所需的一切基础资料。施工图预算的编制依据主要有以下几个方面：

（1）国家、行业、地方政府发布的计价依据、有关法律法规或规定；

（2）建设项目有关文件、合同、协议等；

（3）批准的设计概算；

（4）批准的施工图设计图纸及相关标准图集和规范；

（5）合理的施工组织设计和施工方案等文件；

（6）项目有关的设备、材料供应合同，价格及相关说明书；

（7）项目所在地区有关的气候、水文、地质地貌等自然条件说明。

3. 施工图预算的调整和编制

施工图预算是工程费用调整的依据。工程预算批准后，一般不得调整，在出现重大设计变更、政策性调整及不可抗力等情况时可以调整。调整预算的编制深度与要求、文件组成及表格形式同原施工图预算。调整预算还应对工程预算调整的原因做详尽分析说明，所调整的内容在调整预算总说明中要逐项与原批准预算对比，并编制调整前后预算对比表，分析主要变更原因。

在编制施工图预算时，收集编制预算的基础文件和资料，主要包括：施工图设计文件、施工组织设计文件、设计概算文件、建筑工程预算定额、材料预算价格表、工程承包合同文件和其他资料。

在编制工程预算时，必须熟悉并认真地审查全部施工图设计文件，发现图纸中的错误和问题应及时提出并会商更正。预算人员应在脑海中形成一个清晰、完整和系统的工程实物形象，以便加快预算工作速度。施工图预算的编制步骤如下：

（1）根据施工图、预算定额、施工方案列出分部分项工程项目，并进行定额工程量计算。

（2）根据分部分项和单价措施项目名称，套用预算定额后，分别用工程量乘以定额对应单价，计算定额人工费、定额材料费、定额机具费。

（3）根据分部分项和单价措施项目的定额人工费和规定的管理费率、利润率计算管理费和利润。

（4）将分部分项的定额人工费、材料费、机具费、管理费和利润汇总成装饰单位工程分部分项工程费。

（5）将单价措施项目定额人工费、材料费、机具费、管理费和利润汇总成单位工程单价措施项目费。

（6）根据定额人工费（或定额人工费+定额机具费）和总价措施项目费费率，计算总价措施项目费。

（7）根据分包工程的造价和费率计算其他项目费的总承包服务费。

（8）根据有关规定计算其他项目费。

（9）根据定额人工费（或定额人工费+定额机具费）和规费费率计算规费。

（10）根据分部分项工程费、单价措施项目费、总价措施项目费、其他项目费和规费之和及税率计算税金。

（11）将分部分项工程费、单价措施项目费、总价措施项目费、其他项目费、规费、税金之和汇总为工程预算造价。

（四）施工图预算编制的注意事项

施工图预算主要以施工图为编制依据，而施工图是介于工程设计和实施阶段之间的产物。施工图预算不仅是建筑工程建设程序中一个重要的技术经济文件，还是设计阶段控制工程造价的重要环节。施工图预算质量的高低，反映了预算与工程实际造价之间差距的大小，直接影响到施工图结算质量的好坏。因此，要想准确编制施工图预算，应从以下几个方面入手。

1. 做好准备工作

在编制施工图预算前要收集到与工程有关的各类资料，包括工程勘察地质报告、施工现场的环境、各类材料的运输情况等，作为建设单位还应该了解更具体的情况，使施工图预算造价与实际的工程造价更接近。

2. 认真熟悉图纸

施工图纸是建筑工程的“语言”。在计算前，预算人员要认真熟悉图纸，仔细阅读设计说明，了解设计者的意图。一般采用先粗看后精读的方法，使该工程在脑海中形成立体图形，知道它的结构形式、内外装饰的要求、建筑材料等。看图顺序一般先从建筑施工图开始，最后看结构施工图，注重核对结构图和施工图的标高尺寸是否一致，发现互相矛盾或不清楚的地方要随时记录下来，在图纸会审时提出来，由设计单位解释说明。

3. 熟练掌握工程量的计算规则，提高计算速度

要想又快又准地计算工程量，必须熟练掌握工程量的计算规则和计算方法。建筑工程的特点是图纸数量多、施工项目杂、需要计算的工程量大，因此在计算工程量时一定要把计算式写清楚。在进行工程量合并时，要按定额划分的分项工程，标出每一个分项工程量的来源。

计算方法：首先确定“三线一面”的尺寸并将其作为基数，然后运用统筹法的基本原理计算工程量，应避免出现漏项、重复计算和计算错误等现象，做到工程量的计算既快又准。总之，建筑工程的工程量计算是一项比较复杂的工作，它是土建预算编制的关键环节。正确的计算方法，不但能提高工程量的计算速度，还能保证土建预算编制的质量，为确定合理的工程造价提供可靠保证。

4. 了解现行的施工规范，保证预算的准确性

为了准确地计算工程量，预算人员必须了解现行规范中的主要要求，否则容易出现漏算的现象。例如，有的施工图中，混凝土圈梁和地梁没有标明拐角处、工形接头处设置构造钢筋，构造柱与墙体的拉结筋，现说板中的拉结筋下的架立筋等，若不了解施工规范，往往容易漏算这部分钢筋。在单位工程中，这部分钢筋的数量直接影响到预算的准确性。

5. 熟练掌握现行的各种标准图集的使用方法

图集是一种可以重复利用的工具，熟练掌握标准图集的使用方法和常用数据，对快速、准确地计算工程量也很关键。因此，在平时的工作中，要注意常用数据的收集和整理。如现在由住房和城乡建设部批准使用的11G101—1标准图集《混凝土结构施工图平面整体表示方法制图规则和构造详图》（现浇混凝土框架、剪力墙、梁、板）。如果平时不熟练掌握它的计算规则、方法和各种数据，那么在计算工程量时既降低了计算速度，又保证不了计算的质量。

6. 对工程相关信息要有“超前”认识

一项建设工程要经历决策、设计和实施三个阶段，施工图是实施阶段的依据。对建设单位来说，要控制好工程造价，不仅要对工程建设所需的资金做到“心中有数”，还要对工程相关信息有“超前”认识，具体表现为以下三个方面：

（1）在工程期内对建筑材料价格的正确分析。建筑材料价格是由市场决定的，对材料价格的分析是否正确对工程造价的影响非常大。因此，要编制施工图预算，不仅要熟悉材料近期的价格，还要对未来的材料价格形势作出正确的分析，只有这样才能清楚地认识到工程建设所需要的资金，从而有利于建设单位对资金的筹集，也有利于承发包双方的利益。

（2）对施工组织、工程变更量大小的认识。施工图反映了设计者对拟建物的认识与追求。而作为预算人员，在认同设计者意图的同时，还应从工程造价的角度考

虑。因此，预算人员应仔细研究施工图，分析各种施工方案对造价的影响，以便在施工时做出正确的选择，找出施工图与实际施工时产生矛盾或设计不合理的地方，使实施阶段完全能够“按图施工”，减少工程的变更量。只有做到“事前控制”，才能更好地控制工程造价，编制出来的预算才更准确。

（3）对国家政策变动的预测。作为预算人员，要正确预测项目的工程造价，就要对国家政策的变动进行预测。建设单位编制的施工图预算也就是通常所说的标底，它可以帮助建设单位控制工程造价。然而，在经济高速发展的今天，国家对一些建筑工程规定收取的费用也随着经济的发展而变动，如人工费、各种规费及税金等的计取。因此，预算人员在编制施工图预算时必须对国家政策的变动作出正确的分析，使取费更加正确、合理。

综合上述，预算人员要准确编制施工图预算，不仅要熟悉预结算编制的程序和方法，更重要的是熟悉工程的相关知识，如施工工艺、施工技术、工程材料以及相关的合同管理、法律文件。

二、预算定额及其应用

（一）工程定额体系

工程定额是在正常的施工生产条件下，完成单位合格产品所必需的人工、材料、施工机械设备及其资金消耗的数量标准。工程定额是一个综合概念，是建设工程造价计价和管理中各类定额的总称，包括许多种类的定额，可以按照不同的原则和方法进行分类。

所谓定额，就是进行生产经营活动时，在人力、物力、财力消耗方面所应遵守或达到的数量标准。在建筑生产中，为了完成建筑产品，必须消耗一定数量的劳动力、材料和机械台班以及相应的资金。在一定的生产条件下，用科学方法制定出的生产质量合格的单位建筑产品所需的劳动力、材料和机械台班等的数量标准，就称为建筑工程定额。

（二）工程定额的特点

1. 权威性

工程建设定额具有很高的权威性，在一定情况下具有经济法规的性质。工程建设定额权威性的客观基础是定额的科学性。只有科学的定额才具有权威性，但是在社会主义市场经济条件下，它必然涉及各有关方面的经济关系和利益关系。赋予工程建设定额以一定的权威性，就意味着在规定的范围内，对于定额的使用者和执行者来说，不论他们主观上是否愿意，都必须按定额的规定执行。

在当前市场规范不完善的情况下，赋予工程建设定额以权威性是十分重要的。但是，在竞争机制引入工程建设的情况下，定额的水平必然会受市场供求状况的影

响，从而在执行中可能产生定额水平的浮动。

应该指出的是，在社会主义市场经济条件下，对定额的权威性不应该绝对化。定额毕竟是主观对客观的反映，定额的科学性会受到人们认识局限性的影响。与此相关，定额的权威性也就会受到削弱核心的挑战。更为重要的是，随着投资体制的改革和投资主体多元化格局的形成，以及企业经营机制的转换，各相关方都可以根据市场的变化和自身的情况，自主地调整自己的决策行为。因此，一些与经营决策有关的工程建设定额的权威性特征就弱化了。

2. 科学性

工程建设定额的科学性包括两重含义：其一，工程定额和生产力发展水平相适应；其二，工程定额管理在理论、方法和手段上适应现代科学技术和信息社会发展的需要。

工程建设定额的科学性表现在以下方面：首先，定额是在认真研究客观规律的基础上，自觉地遵守客观规律的要求，实事求是地制定的。因此，它能正确地反映单位产品生产所必需的劳动量，从而以最少的劳动消耗来取得最大的经济效益，促进劳动生产率的不断提高。其次，在制定定额所采用的方法上，通过不断吸收现代科学技术的新成就，并加以不断完善，形成了一套严密的确定定额水平的科学方法。这些方法不仅在实践中证明行之有效，而且还有利于研究建筑产品在生产过程中的工时利用情况，可从中找出影响劳动消耗的各种主客观因素，进而设计出合理的施工组织方案，挖掘生产潜力，提高企业管理水平，减少以至杜绝生产中的浪费现象，促进生产的不断发展。

3. 统一性

工程建设定额的统一性主要是由国家对经济发展有计划的宏观调控职能决定的。为了使国民经济按照既定的目标发展，就要借助于某些标准、定额、参数等，对工程建设进行规划、组织、调节、控制。而这些标准、定额、参数必须在一定的范围内是一种统一的尺度，才能实现上述职能，才能利用它对项目的决策、设计方案、投标报价、成本控制进行比选和评价。

工程建设定额的统一性按照其影响力和执行范围来看，有全国统一定额、地区统一定额和行业统一定额等；按照定额的制定、颁布和贯彻使用来看，有统一的程序、统一的原则、统一的要求和统一的用途等。

我国工程建设定额的统一性和工程建设本身的巨大投入和巨大产出有关。它对国民经济的影响不仅表现在投资的总规模和全部建设项目的投资效益等方面，往往还表现在具体建设项目的投资数额及其投资效益方面，因而需要借助统一的工程建设定额进行社会监督。这一点和工业生产、农业生产中的工时定额、原材料定额是不同的。

4. 稳定性与时效性

工程建设定额中的任何一种参数都是一定时期内技术发展和管理水平的反映，在一段时间内都表现出稳定的状态。稳定的时间有长有短，一般为5~10年。但是工程建设定额的稳定性是相对的。生产力向前发展时，定额就会与已经发展了的生产力不相适应。这样，它原有的作用就会逐步减弱以至消失，定额就需要重新编制或修订。

保持定额的稳定性是维护定额权威性所必需的，更是有效贯彻定额所需要的。如果某种定额处于经常修改变动之中，那么必然造成执行中的困难和混乱，使人们感到没有必要去认真对待它，很容易导致定额权威性的丧失。工程建设定额的不稳定也会给定额的编制工作带来极大的困难。

5. 系统性

工程建设定额是相对独立的系统。它是由多种定额结合而成的有机整体。它的结构复杂，有鲜明的层次和明确的目标。

工程建设定额的系统性是由工程建设的特点决定的。按照系统论的观点，工程建设是庞大的实体系统，工程建设定额是为这个实体系统服务的。工程建设本身是多种类、多层次的，决定了以它为服务对象的工程建设定额的多种类、多层次。工程的建设有严格的项目划分，如建设项目、单项工程、单位工程、分部分项工程；在计划和实施过程中有严密的阶段，如规划、可行性研究、设计、施工、竣工交付使用，以及投入使用后的维修。

（三）工程定额计价的基本程序

常见的工程定额计价模式最基本的过程有两个：工程量计算和工程计价。即首先按预算定额规定的分部分项子目，逐项计算工程量；其次，套用预算定额单价（或单位估价表）确定直接工程费；再次，按规定的取费标准确定措施费、间接费、利润和税金；最后，加上材料调差系数和其他费用，汇总各项费用后即为工程预算或标底。

定额计价模式的主要计价依据为国家、省、有关专业部门制定的各种定额，其性质为指导性的。任何合同价款的取定，都存在如何计算出合同总价款的计费程序问题。计算合同总价款的计费程序是合同计价原则的重要组成部分。

（四）建设工程定额的分类

工程定额是工程建设中各类定额的总称。为对建设工程定额有一个全面的了解，可以按照不同的原则和方法对其进行科学的分类。

1. 按生产要素内容分类

（1）人工定额：也称劳动定额，是指在正常的施工技术和组织条件下，完成单位合格产品所必需的人工消耗量标准。

（2）材料消耗定额：是指在合理和节约使用材料的条件下，生产单位合格产品所必须消耗的一定规格的材料、成品、半成品和水、电等资源的数量标准。

（3）机械台班使用定额：也称机械台班消耗定额，是指施工机械在正常施工条件下完成单位合格产品所必需的工作时间。它反映了合理地、均衡地组织劳动和使用机械时该机械在单位时间内的生产效率。

2. 按编制程序和用途分类

（1）施工定额：是以同一性质的施工过程作为研究对象，表示生产产品数量与时间消耗综合关系的定额。它由人工定额、材料消耗定额和机械台班使用定额组成。

施工定额直接应用于施工项目的管理，用来编制施工作业计划、签发施工任务单、签发限额领料单，以及结算计件工资或计量奖励工资等。施工定额和施工生产结合紧密，施工定额的定额水平反映施工企业生产与组织的技术水平和管理水平。施工定额是编制预算定额的基础。

（2）预算定额：是以建筑物或构筑物各个分部分项工程为对象、以施工定额为基础综合扩大编制而成的，也是编制概算定额的基础。其中，人工、材料和机械台班的消耗水平根据施工定额综合取定，预算定额项目的综合程度大于施工定额。预算定额是编制施工图预算的主要依据，也是编制单位估价表、确定工程造价、控制建设工程投资的基础和依据。与施工定额不同，预算定额是社会性的，而施工定额是企业性的。

（3）概算定额：是以扩大的分部分项工程为对象编制的。概算定额是编制扩大初步设计概算、确定建设项目投资额的依据。概算定额一般是在预算定额的基础上综合扩大而成的，每一综合分项概算定额都包含了数项预算定额。

（4）概算指标：是概算定额的扩大与合并，它是以整个建筑物和构筑物为对象，以更为扩大的计量单位来编制的。概算指标的设定和初步设计的深度相适应，一般是在概算定额和预算定额的基础上编制的，是设计单位编制设计概算或建设单位编制年度投资计划的依据，也可作为编制估算指标的基础。

（5）投资估算指标：通常是以独立的单项工程或完整的工程项目为计算对象编制确定的生产要素消耗的数量标准或项目费用标准，是根据已建工程或现有工程的价格数据和资料，经分析、归纳和整理编制而成的。投资估算指标是在项目建议书和可行性研究阶段编制投资估算、计算投资需要量时使用的一种指标，是合理确定建设工程项目投资的基础。

3. 按投资的费用性质分类

（1）建筑工程定额：是建筑工程的施工定额、预算定额、概算定额和概算指标的统称。建筑工程一般理解为房屋和构筑物工程。建筑工程定额在整个建设工程定额中占有突出的地位。

（2）设备安装工程定额：是设备安装工程的施工定额、预算定额、概算定额和概算指标的统称。设备安装工程一般是指对需要安装的设备进行定位、组合校正、调试等工作的工程。在通用定额中，有时把建筑工程定额和安装工程定额合二为一，称为建筑安装工程定额。建筑安装工程定额属于人、料、机费用定额，仅仅包括施工过程中人工、材料、机械台班消耗的数量标准。

（3）建筑安装工程费用定额：一般包括措施费定额、企业管理费定额。

（4）工器具定额：是为新建或扩建项目的投产运转首次配置的工具、器具数量标准。工器具是指按照有关规定不够固定资产标准而起劳动手段作用的工具、器具和生产用具。

（5）工程建设其他费用定额：是独立于建筑安装工程定额、设备和工器具购置之外的其他费用开支的标准。其他费用定额是按各项独立费用分别编制的，以便合理控制这些费用的开支。

三、工程量清单计价

（一）工程量清单计价规范简介

工程量清单计价是一种主要由市场定价的计价模式。

1.《建设工程工程量清单计价规范》的修编目的

《建设工程工程量清单计价规范》（GB 50500—2013）的修编目的如下：

（1）为了更加广泛深入地推行工程量清单计价，规范建设工程工程量清单计价行为，统一建设工程工程量清单的编制和计价方法；

（2）为了与当前国家相关法律、法规和政策性变化的规定相适应，使其能够正确地贯彻执行；

（3）为了适应新技术、新工艺、新材料日益发展的需要，促使规范的内容不断更新完善。

2.《建设工程工程量清单计价规范》包含的主要内容

《建设工程工程量清单计价规范》（GB 50500—2013）包括规范条文和附录两部分。其中，规范条文共16章：总则、术语、一般规定、工程量清单编制、招标控制价、投标报价、合同价款约定、工程计量、合同价款调整、合同价款中期支付、竣工结算与支付、合同解除的价款结算与支付、合同价款争议的解决、工程造价鉴定、工程计价资料与档案、工程计价表格。具体内容涵盖了从工程招投标开始到工程竣工结算办理完毕的全过程。

3.《建设工程工程量清单计价规范》的编制依据和作用

《建设工程工程量清单计价规范》是根据《中华人民共和国建筑法》《中华人民共和国合同法》《中华人民共和国招标投标法》等法律法规制定的法规性文件。该规范规定，使用国有资金投资的建设工程施工发承包，必须采用工程量清单计价；非国有资金投资的建设工程，宜采用工程量清单计价；不采用工程量清单计价的建设工程，应执行本规范除工程量清单等专门性规定外的其他规定。例如，在工程发承包过程中要执行合同价款约定、工程计量、合同价款调整、合同价款中期支付、竣工结算与支付、合同价款争议的解决等规定。

（二）工程量清单的相关概念

1. 工程量清单

工程量清单是指载明建设工程的分部分项工程项目、措施项目、其他项目的名称和相应数量，以及规费、税金项目等内容的明细清单。工程量清单是招标工程量清单和已标价工程量清单的统称。

2. 招标工程量清单

招标工程量清单是指招标人依据国家标准、招标文件、设计文件以及施工现场实际情况编制的，随招标文件发布供投标报价的工程量清单，包括说明和表格。

3. 已标价工程量清单

已标价工程量清单是指构成合同文件组成部分的投标文件中已标明价格，经算术性错误修正（如果有）且承包人已经确认的工程量清单，包括说明和表格。

已标价工程量清单特指承包商中标后确认的工程量清单，而不是指所有投标人的标价工程量清单，因为“构成合同文件组成部分”的已标价工程量清单只能是中标人的已标价工程量清单。另外，有可能存在评标时评标专家已经修正了投标人已标价工程量清单的计算错误，并且投标人同意修正结果，最终又成为中标价的情况；或者投标人的已标价工程量清单与招标工程量清单的工程数量有差别，且评标专家没有发现错误，最终又成为中标价的情况。

注意：已标价工程量清单有可能与投标报价工程量、招标工程量清单出现不同情况，所以专门定义了已标价工程量清单的概念。

4. 招标控制价

招标人根据国家或省级、行业建设主管部门颁发的有关计价依据和办法，以及拟定的招标文件和招标工程量清单，结合工程具体情况编制的招标工程的最高投标限价。

5. 投标价

投标价是指投标人投标时，响应招标文件要求所报出的对已标价工程量清单汇总后标明的总价。投标价是投标人根据国家或省级、行业建设主管部门颁发的计价办法，企业定额，国家或省级、行业建设主管部门颁发的计价定额，招标文件、工程量清单及其补充通知、答疑纪要，建设工程设计文件及相关资料，施工现场情况、工程特点及拟定的投标施工组织设计或施工方案，与建设项目相关的标准、规范等技术资料，市场价格信息或工程造价管理机构发布的工程造价信息编制的投标时报出的工程总价。

6. 签约合同价

签约合同价是指发承包双方在工程合同中约定的工程造价，包括分部分项工程费、措施项目费、其他项目费、规范和税金的合同总价。

7. 竣工结算价

竣工结算价是指发承包双方依据国家有关法律、法规和标准，按照合同约定确定的，包括在履行合同过程中按合同约定进行的合同价款调整，承包人按合同约定完成了全部承包工作后，发包人应付给承包人的合同总金额。

在履行合同过程中按合同约定进行的合同价款调整是指工程变更、索赔、政策变化等引起的价款调整。

8. 招标工程量清单

招标工程量清单是招标人依据国家标准、招标文件、设计文件以及施工现场实际情况编制的，随招标文件发布供投标的工程量清单。招标工程量清单是指建设工程的分部分项工程项目、措施项目、其他项目、规费项目、税金项目的名称及相应数量等的明细清单。工程量清单是工程量清单计价的基础，贯穿于建设工程的招投标阶段和施工阶段，是编制招标控制价、投标报价、计算工程量、支付工程款、调整合同价款、办理竣工结算以及工程索赔等的依据。

工程量清单的主要作用：

（1）工程量清单是工程付款和结算的依据。在施工阶段，发包人根据承包人完成的工程量清单中规定的内容以及合同单价支付工程款。工程结算时，承发包双方按照工程量清单计价表中的序号对已实施的分部分项工程或计价项目，按合同单价和相关合同条款结算价款。

（2）工程量清单为投标人的投标竞争提供了一个平等和共同的基础。工程量清单由招标人负责编制，将要求投标人完成的工程项目及其相应工程实体数量全部列出，为投标人提供拟建工程的基本内容、实体数量和质量要求等的基础信息。这样，在建设工程的招标、投标中，投标人的竞争活动就有了一个共同基础，投标人的机会均等，受到的待遇是公正和公平的。

（3）工程量清单是调整工程价款、处理工程索赔的依据。在发生工程变更和工程索赔时，可以选用或者参照工程量清单中的分部分项工程或计价项目及合同单价来确定变更价款和索赔费用。

（4）工程量清单是建设工程计价的依据。在招标投标过程中，招标人根据工程量清单编制招标工程的招标控制价；投标人按照工程量清单所表述的内容，依据企业定额计算投标价格，自主填报工程量清单所列项目的单价与合价。

（三）工程量清单计价活动所涉各种价格之间的关系

工程量清单计价活动所涉各种价格主要包括招标控制价、已标价工程量清单、投标价、签约合同价、竣工结算价。

1. 招标控制价与各种价格之间的关系

招标控制价是工程实施时调整工程价款的计算依据。例如，分部分项工程量偏差引起的综合单价调整就需要根据招标控制价中对应的分部分项综合单价进行。招标控制价应根据工程类型确定合适的企业等级，根据本地区的计价定额、费用定额、人工费调整文件和市场信息价编制。招标控制价应反映建造该工程的社会平均水平工程造价。招标控制价的质量和复核应由招标人负责。

2. 投标价与各种价格之间的关系

投标价一般由投标人编制。投标价根据招标工程量和有关依据编制。投标价不能高于招标控制价。包含工程量的投标价称为已标价工程量清单，它是调整工程价款和计算工程结算价的主要依据之一。

3. 签约合同价与各种价格之间的关系

签约合同价根据中标价（中标人的投标价）确定。发承包双方在中标价的基础上协商确定签约合同价。一般情况下，承包商若能够让利，则签约合同价要低于中标价。签约合同价是调整工程价款和计算工程结算价的主要依据之一。

第二节　工程费用组成及其计算

一、建筑安装工程费及其计算

（一）建筑安装工程费用划分

根据《建筑安装工程费用项目组成》（建标〔2013〕44号），建筑安装工程费用的划分见表3.2.1。

表3.2.1　建筑安装工程费用的划分

<table>
<tr><td rowspan="5">建筑安装工程费用</td><td rowspan="5">分部分项工程费</td><td>人工费</td></tr>
<tr><td>材料费</td></tr>
<tr><td>施工机具使用费</td></tr>
<tr><td>企业管理费</td></tr>
<tr><td>利润</td></tr>
</table>

续表

<table>
<tr><td rowspan="23">建筑安装工程费用</td><td rowspan="9">措施项目费</td><td rowspan="4">单价措施项目</td><td colspan="2">脚手架费</td></tr>
<tr><td colspan="2">模板安拆费</td></tr>
<tr><td colspan="2">大型机械进出场及安拆费</td></tr>
<tr><td colspan="2">……</td></tr>
<tr><td rowspan="5">总价措施项目</td><td colspan="2">安全文明施工费</td></tr>
<tr><td colspan="2">夜间施工增加费</td></tr>
<tr><td colspan="2">二次搬运费</td></tr>
<tr><td colspan="2">冬雨期施工增加费</td></tr>
<tr><td colspan="2">……</td></tr>
<tr><td colspan="2" rowspan="3">其他项目费</td><td colspan="2">暂列金额</td></tr>
<tr><td colspan="2">计日工</td></tr>
<tr><td colspan="2">总承包服务费</td></tr>
<tr><td colspan="2" rowspan="7">规费</td><td rowspan="5">社会保险费</td><td>养老保险费</td></tr>
<tr><td>失业保险费</td></tr>
<tr><td>医疗保险费</td></tr>
<tr><td>生育保险费</td></tr>
<tr><td>工伤保险费</td></tr>
<tr><td colspan="2">住房公积金</td></tr>
<tr><td colspan="2">工程排污费</td></tr>
<tr><td colspan="2" rowspan="4">税金</td><td colspan="2">营业税</td></tr>
<tr><td colspan="2">城市维护建设税</td></tr>
<tr><td colspan="2">教育费附加</td></tr>
<tr><td colspan="2">地方教育附加</td></tr>
</table>

（二）建筑安装工程费用项目的组成

1．按费用构成要素划分

建筑安装工程费按照费用构成要素可划分为人工费、材料（包含工程设备，下同）费、施工机具使用费、企业管理费、利润、规费和税金。其中，人工费、材料费、施工机具使用费、企业管理费和利润包含在分部分项工程费、措施项目费、其他项目费中。

（1）人工费：是指按工资总额构成规定，支付给从事建筑安装工程施工的生产工人和附属生产单位工人的各项费用。内容包括：

① 计时工资或计件工资，是指按计时工资标准和工作时间或对已做工作按计件单价支付给个人的劳动报酬。

② 奖金，是指因超额劳动和增收节支支付给个人的劳动报酬，如节约奖、劳动竞赛奖等。

③ 津贴补贴，是指为了补偿职工特殊或额外的劳动消耗和因其他特殊原因支付给个人的津贴，以及为了保证职工工资水平不受物价影响支付给个人的物价补贴，如流动施工津贴、特殊地区施工津贴、高温（寒）作业临时津贴、高空津贴等。

④ 加班加点工资，是指按规定支付的在法定节假日工作的加班工资和在法定日工作时间外延时工作的加点工资。

⑤ 特殊情况下支付的工资，是指根据国家法律、法规和政策规定，因病、工伤、产假、计划生育假、婚丧假、事假、探亲假、定期休假、停工学习、执行国家或社会义务等原因按计时工资标准或计时工资标准的一定比例支付的工资。

（2）材料费：是指施工过程中耗费的原材料、辅助材料、构配件、零件、半成品或成品、工程设备的费用。内容包括：材料原价、材料运杂费、运输损耗费及采购及保管费。（这些内容在第二章第二节已介绍，本处略。）

（3）施工机具使用费：是指施工作业所发生的施工机械、仪器仪表使用费或其租赁费。

（4）企业管理费：是指建筑安装企业组织施工生产和经营管理所需的费用。

（5）利润：是指施工企业完成所承包工程获得的盈利。

（6）规费：是指按国家法律、法规规定，由省级政府和省级有关权力部门规定必须缴纳或计取的费用。

（7）税金：是指国家税法规定的应计入建筑安装工程造价内的营业税、城市维护建设税、教育费附加以及地方教育附加。

2. 按造价形成划分

建筑安装工程费按照工程造价的形成可划分为分部分项工程费、措施项目费、其他项目费、规费和税金。其中，分部分项工程费、措施项目费、其他项目费包含人工费、材料费、施工机具使用费、企业管理费和利润。

（1）分部分项工程费：是指各专业工程的分部分项工程应予列支的各项费用。

1）专业工程：是指按现行国家计量规范划分的房屋建筑与装饰工程、仿古建筑工程通用安装工程、市政工程、园林绿化工程、矿山工程、构筑物工程、城市轨道交通工程、爆破工程等各类工程。

2）分部分项工程：是指按现行国家计量规范对各专业工程划分的项目。例如，房屋建筑与装饰工程划分的土石方工程、地基处理与桩基工程、砌筑工程、钢筋及钢筋混凝土工程等。

各类专业工程的分部分项工程划分见现行国家或行业计量规范。

（2）措施项目费：是指为完成建设工程施工，发生于该工程施工前和施工过程中的技术、生活、安全、环境保护等方面的费用。内容包括：

1）安全文明施工费。

① 环境保护费，是指施工现场为达到环保部门要求所需要的各项费用。

② 文明施工费，是指施工现场文明施工所需要的各项费用。

③ 安全施工费，是指施工现场安全施工所需要的各项费用。

④ 临时设施费，是指施工企业为进行建设工程施工所必须搭设的生活和生产用的临时建筑物、构筑物和其他临时设施费用。它包括临时设施的搭设、维修、拆除、清理费或摊销费等。

2）夜间施工增加费：是指因夜间施工所发生的夜班补助费、夜间施工降效费、夜间施工照明设备摊销及照明用电等费用。

3）二次搬运费：是指因施工场地条件限制而发生的材料、构配件、半成品等一次运输不能到达堆放地点，必须进行二次或多次搬运所发生的费用。

4）冬雨期施工增加费：是指在冬期或雨期施工需增加的临时设施、防滑、排除雨雪，以及人工及施工机械效率降低等费用。

5）已完工程及设备保护费：是指竣工验收前，对已完工程及设备采取必要保护措施所发生的费用。

6）工程定位复测费：是指工程施工过程中进行全部施工测量放线和复测工作的费用。

7）特殊地区施工增加费：是指工程在沙漠或其边缘地区、高海拔、高寒、原始森林等特殊地区施工增加的费用。

8）大型机械设备进出场及安拆费：是指机械整体或分体自停放场地运至施工现场或由一个施工地点运至另一个施工地点，所发生的机械进出场运输及转移费用，以及机械在施工现场进行安装、拆卸所需的人工费、材料费、机械费、试运转费和安装所需的辅助设施的费用。

9）脚手架工程费：是指施工需要的各种脚手架搭、拆、运输费用以及脚手架购置费的摊销（或租赁）费用。

措施项目及其包含的内容详见各类专业工程的现行国家或行业计量规范。

（3）其他项目费。

1）暂列金额：是指发包人在工程量清单中暂定并包括在工程合同价款中的一笔款项。其用于施工合同签订时尚未确定或者不可预见的所需材料、工程设备、服务的采购，施工中可能发生的工程变更、合同约定调整因素出现时的工程价款调整以及发生的索赔、现场签证确认等的费用。

2）计日工：是指在施工过程中，承包人完成发包人提出的施工图纸以外的零星项目或工作所需的费用。

3）总承包服务费：是指总承包人为配合、协调发包人进行的专业工程发包，对发包人自行采购的材料、工程设备等进行保管、施工现场管理、竣工资料汇总整理等服务所需的费用。

（4）规费：按费用构成要素划分。

（5）税金：是指按照国家税法规定应计入建筑安装工程造价内的增值税的销项税额。

二、直接费计算及工料分析

（一）直接费的构成

直接费的划分见表3.2.2。

表3.2.2　直接费的划分

<table>
<tr><td rowspan="18">直接费</td><td rowspan="18">直接工程费</td><td rowspan="6">人工费</td><td>基本工资</td></tr>
<tr><td>工资性补贴</td></tr>
<tr><td>生产工人辅助工资</td></tr>
<tr><td>职工福利费</td></tr>
<tr><td>生产工人劳动保护费</td></tr>
<tr><td>社会保障费</td></tr>
<tr><td rowspan="5">材料费</td><td>材料原价</td></tr>
<tr><td>材料运杂费</td></tr>
<tr><td>运输损耗费</td></tr>
<tr><td>采购及保管费</td></tr>
<tr><td>检验试验费</td></tr>
<tr><td rowspan="7">施工机械使用费</td><td>折旧费</td></tr>
<tr><td>大修理费</td></tr>
<tr><td>经常修理费</td></tr>
<tr><td>安拆费及场外运输费</td></tr>
<tr><td>人工费</td></tr>
<tr><td>燃料动力费</td></tr>
<tr><td>养路费及车船使用费</td></tr>
</table>

续表

直接费	措施费	环境保护费
		文明施工费
		安全施工费
		临时施工费
		夜间施工费
		二次搬运费
		大型机械设备进出场及安拆费
		混凝土、钢筋混凝土模板及支架费
		脚手架费
		已完工程及设备保护费
		施工排水、降水费

（1）直接工程费：是指施工过程中耗费的构成工程实体的各项费用，包括人工费、材料费、施工机械使用费。

1）人工费：是指直接从事建筑安装工程施工的生产工人所开支的各项费用。包括：

① 基本工资，是指发放给生产工人的基本工资。

② 工资性补贴，是指按规定发放给生产工人的物价补贴，煤、燃气补贴，交通补贴，住房补贴，流动施工津贴等。

③ 生产工人辅助工资，是指生产工人年有效施工天数以外非作业天数的工资，包括职工学习、培训期间的工资，调动工作、探亲、休假期间的工资，因气候影响的停工工资，女工哺乳时间的工资，病假在6个月以内的工资，以及婚、产、丧假期的工资。

④ 职工福利费，是指按规定标准计提的职工福利费。

⑤ 生产工人劳动保护费，是指按规定标准发放的劳动保护用品的购置费及修理费、徒工服装补贴、防暑降温费，以及在有碍身体健康环境中施工的保健费等。

⑥ 社会保障费，是指包含在工资内，由工人交的养老保险费、失业保险贵等。

2）材料费：是指施工过程中耗用的构成工程实体、形成工程装饰效果的原材料、辅助材料、构配件、零件、半成品、成品的费用和周转材料的推销（或租赁）费用。

3）施工机械使用费：是指使用施工机械作业所发生的机械费用以及机械安、拆和进出场费等。

（2）措施费：是指为完成工程项目施工，发生于该工程施工前和施工过程中非工程实体项目的费用。

措施费的构成：

① 环境保护费，是指施工现场为达到环保部门要求所需要的各项费用。

② 文明施工费，是指施工现场文明施工所需要的各项费用。

③ 安全施工费，是指施工现场安全施工所需要的各项费用。

④ 临时设施费，是指施工企业为进行建筑工程施工所必须搭设的生活和生产用的临时建筑物、构筑物和其他临时设施等的费用。

临时设施包括：临时宿舍、文化福利区公用事业房屋与构筑物，仓库、办公室、加工厂以及规定范围内道路、水、电、管线等临时设施和小型临时设施。

临时设施费用包括：临时设施的搭设、维修、拆除费或摊销费。

⑤ 夜间施工费，是指因夜间施工所发生的夜班补助费、夜间施工降效费、夜间施工照明设备摊销费及照明用电等费用。

⑥ 二次搬运费，是指因施工场地狭小等特殊情况而发生的二次搬运费用。

⑦ 大型机械设备进出场及安拆费，是指机械整体或分体自停放场地运至施工现场或由一个施工地点运至另一个施工地点，所发生的机械进出场运输及转移费用，以及机械在施工现场进行安装、拆卸所需的人工费、材料费、机械费、试运转费和安装所需的辅助设施的费用。

⑧ 混凝土、钢筋混凝土模板及支架费，是指混凝土施工过程中需要的各种钢模板、木模板、支架等的支、拆、运输费用及模板、支架的推销（或租赁）费用。

⑨ 脚手架费，是指施工需要的各种脚手架搭、拆、运输费用及脚手架的摊销（或租赁）费用。

⑩ 已完工程及设备保护费，是指竣工验收前，对已完工程及设备进行保护所需费用。

⑪ 施工排水、降水费，是指为确保工程在正常条件下施工，采取各种排水、降水措施所发生的各种费用。

（二）直接费的计算

若一个单位工程的工程量计算完毕，则套用预算定额基价进行直接费的计算。

计算定额直接工程费常采用两种方法，即单位估价法和实物金额法。

1. 用单位估价法计算定额直接工程费

预算定额项目的基价构成一般有两种形式：一是基价中包含了全部人工费、材料费和机械使用费，这种方式称为完全定额基价，建筑工程预算定额常采用此种形式；二是基价中包含了全部人工费、辅助材料费和机械使用费，不包括主要材料费，这种方式称为不完全定额基价，安装工程预算定额和装饰工程预算定额常采用此种形式。采用完全定额基价的预算定额计算直接工程费的方法称为单位估价法，计算出的直接工程费也称为定额直接工程费。

（1）用单位估价法计算定额直接工程费的计算公式如下：

单位工程定额直接工程费=定额人工费+定额材料费+定额机械费

式中：定额人工费=Σ（分项工程量×定额人工费单价）；

定额机械费=Σ（分项工程量×定额机械费单价）；

定额材料费=Σ［分项工程量×定额基价-定额人工费-定额机械费］。

（2）单位估价法计算定额直接工程费的方法与步骤：

① 根据施工图和预算定额计算分项工程量。

② 根据分项工程量的内容套用相对应的定额基价（包括人工费单价、机械费单价）。

③ 根据分项工程量和定额基价计算出分项工程定额直接工程费、定额人工费和定额机械费。

④ 将各分项工程的各项费用汇总成单位工程定额直接工程费、单位工程定额人工费、单位工程定额机械费。

2. 用实物金额法计算直接工程费

（1）用实物金额法计算直接工程费的计算公式如下：

单位工程直接工程费=人工费+材料费+机械费

式中：人工费=Σ（分项工程量×定额用工量×工日单价）；

材料费=Σ（分项工程量×定额材料用量×材料预算价格）；

机械费=Σ（分项工程量×定额台班用量×机械台班预算价格）。

（2）实物金额法计算直接工程费的方法与步骤：

① 用分项工程量分别乘以预算定额子目中的实物消耗量（即人工工日、材料数量、机械台班数量），求出分项工程的人工、材料、机械台班消耗量；② 汇总成单位工程实物消耗量；③ 分别乘以工日单价、材料预算价格、机械台班预算价格，求出单位工程人工费、材料费、机械使用费；④ 汇总成单位工程直接工程费。

（三）工料分析

1. 工料分析的含义

工料分析是指根据工程量计算和定额规定的消耗量标准，对工程所用工日及材料进行分析计算。

单位工程施工图预算的工料分析是计算一个单位工程全部人工需要量和各种材料消耗量。

工料分析得到的全部人工和各种材料消耗量，是工程消耗的最高限额；是编制单位工程劳动计划和材料供应计划、开展班组经济核算的基础；也是预算造价计算中直接费调整的计算依据之一。

2. 工料分析的方法

工料分析的方法是首先从所适用的定额项目表中查出各分项工程各工料的单位定额消耗工料的数量，其次分别乘以相应分项工程的工程量，得到分项工程的人工、材料消耗量，最后将各分部分项工程的人工、材料消耗量分别进行计算和汇总，得出单位工程人工、材料的消耗数量。计算公式如下：

人工的消耗数量=Σ（分项工程量×工日消耗定额）

材料的消耗数量=Σ（分项工程量×各种材料消耗定额）

3. 分部分项工程费和单价措施项目费计算

由于《建筑安装工程费用项目组成》（建标〔2013〕44号）对工程造价的费用重新进行了划分，所以要重新设计工程造价费用的计算顺序。先从分部分项工程费包含的内容开始计算，然后计算单价措施项目费与总价项目费、其他项目费、规费和税金。计算公式如下：

管理费、利润=（定额人工费+定额机具费）×规定费率

4. 工料分析的注意事项

（1）凡是由预制厂制作现场安装的构件的，应按制作和安装阶段分别计算工料。

（2）对主要材料应按品种、规格及预算价格分别进行用量计算，并分类统计。

（3）按系数法补价差的地方材料可以不分析，但经济核算有要求时应全部分析。

（4）对换算的定额子目在工料分析时要注意含量的变化，以使分析量准确、完整。

（5）机械费用需单项调整的，应同时按规格、型号进行机械使用台班用量的分析。

三、材料价差调整

（一）材料价差的产生因素

现行工程造价的确定，是根据定额计算规则计算工程量，以工程量套用相应的定额子目基价汇总形成工程直接费用。定额子目基价（即预算价）由人工、材料、机械及其他直接费等部分组成。在建设工程项目中，如果将工程直接费计为100%，那么构成工程直接费的人工费占20%，材料费占70%~75%，机械费约占5%。由此可知，材料价格取定的高低将会直接影响工程建设费用的高低。事实上，在实际施工时，使用的材料价格是不会静止不动的，特别是在市场经济条件下，各种建筑材料会随着国家相关政策调整因素、地区差异、时间差异、供求关系等状况的变化而处于经常的波动状态，无论价格是上涨还是下落，其波动是经常的、绝对的，不以人的意志为转移。产生材料价差的主要因素有以下几点：

（1）国家政策因素。国家政策、法规的改变将会对市场产生巨大的影响。这种

因体制发生变化而产生的材料价格的变化，即为“制差”，如1998—1999年期间国家存贷款利率一再下调，1993—1995年国家为抑制经济增长过热过快而采取了一系列措施。

（2）地区因素。预算定额估价表编制所在地的材料预算价格与同一时期执行该定额的不同地区的材料价格差异，即为“地差”。

（3）时间因素。定额估价表编制年度定额材料预算价格与项目实施年度材料价格的差异，即为“时差”。

（4）供求因素。市场采购材料因产、供、销系统变化而引起的市场价格变化形成的价差，即为“势差”。

（5）地方部门文件因素。由于地方产业结构调整引起的部分材料价格的变化而产生的价差，即为“地方差”。

建筑材料价格的变动形成了不同的市场价。在工程实践中，施工企业正是从这个变动市场中直接获得建筑产品所需的原材料，其形成的产品是动态价格下的产物。动态的价格需要有一个与之相应的动态管理，只有这样才能既维护国家和建设单位利益，又保护施工企业合法权益，使建设工程朝着有计划、有序、持续的方向发展。

（二）主要材料价格的测算

建设工程材料市场指导价格的影响因素包括材料原价、运杂费、材料场外运输损耗、采购保管费、包装品回收值，为此在调查工作中应做到适应市场，准确反映出构成市场价格的各种因素。

1. 材料价格相关资料

（1）材料原价资料。要深入本地规模较大、技术设备先进、有质量保证体系的建材生产厂调查搜集。这些生产厂的生产水平高，品种规格齐全，定价合理，有信誉保障，是调查搜集资料的重点场所，根据材料市场在不同区域的分布情况，分别向经营不同类型的材料专业厂家的代理商、经销商进行信息调查和搜集；向主要大中型施工企业调查搜集月（季）度材料平均使用量或采购供应量及其价格资料；对部分特殊的材料，如果本地没有生产经销单位，那么可向外地生产经销单位进行调查搜集。在上述搜集资料的过程中，还应摸清批量采购享受的优惠幅度，以及当时付款与延期付款的材料价格差异。

（2）材料运杂费资料。材料运杂费资料包括：交通运输部门有关规定和计算运输费用的办法；市场上运输费及装卸费行情资料；同一种材料如果有几个货源地供应时，应调查清楚材料供应地点、供应量及供应比重，有无吊装设备以及人工装卸与机械吊装各占的比例；同一种材料若通过多种方式运输，则应调查清楚各种运输方式中转的衔接情况；调查材料运输起止点的道路情况，按合理流向确定最短运输距离，选择合理的运输方式，并结合材料的不同性能和特点，确定其运费（吨公里或台班）的计算方法；调查清楚生产厂商送料到工地的材料品种以及各种材料（包括轻浮货物）在不同运输工具中的装载量。

（3）材料场外运输损耗率资料。

（4）有关材料包装费（租赁费）和包装品回收值的资料。

（5）材料单位容量和换算资料。

（6）测定材料采购及保管费率的资料。从市场实际看，由于不同类型的材料，其采购供应的方式不同，大部分材料的采购工作较简单，但较特殊材料的采购工作的难度较大。因此，在实际调查搜集资料工作中应结合市场情况分别对待。

对已经调查搜集到的各类资料，要进行去粗取精、去伪存真、由表及里的分析、测算和加工整理，研究掌握市场材料价格的变动规律，剔除资料中不合理的部分，采取类推比较法进行分项计算。在由市场决定价格的前提下，依据国家、省、市制定的有关政策规定，测算、编制建设工程材料指导价格，其测算的重点应是材料原价和材料运输费。

2. 材料原价的测定

从目前材料市场实际情况看，某些同一品种不同规格的材料，其销售价格已趋于一致，如直径6.5 mm和直径10 mm圆钢的价格相差甚微。因此，在编制材料指导价格时，应对这些材料按照一定的规格范围确定一个平均原价。但是，同一品种不同规格的材料，往往具有两个以上的货源渠道和不同的销售价格，对于这种情况就要测算其平均价格作为指导价格的原价，方法是根据同一品种一定规格范围内材料的总需用量（或采购量）和各货源渠道的供应量，采取加权平均方法测定其原价。

第二篇

配电网工程实施造价管理

第四章

招标阶段的造价管理

第一节　招标管理

一、招标基础知识

1. 招标范围

《中华人民共和国招标投标法》（以下简称《招标投标法》）规定，在中华人民共和国境内进行下列工程建设项目包括项目的勘察、设计、施工、监理以及与工程建设有关的重要设备、材料等的采购，必须进行招标：

（1）大型基础设施、公用事业等关系社会公共利益、公众安全的项目。

（2）全部或部分使用国家资金投资或者国家融资的项目。

（3）使用国际组织或者外国政府贷款、援助资金的项目。

2. 招标规模

《招标投标法》明确规定，任何单位和个人不得将依法进行招标的项目化整为零或者以其他任何方式规避招标。

根据《必须招标的工程项目规定》（中华人民共和国国家发展和改革委员会令第16号）文件，必须招标的具体规模标准如下：

（1）施工单项合同估算价在400万元人民币以上。

（2）重要设备、材料等货物的采购，单项合同估算价在200万元人民币以上。

（3）勘察、设计、监理等服务的采购，单项合同估算价在100万元人民币以上。

同一项目中可以合并进行的勘察、设计、施工、监理以及与工程建设有关的重要设备、材料等的采购，合同估算价合计达到前款规定标准的，必须招标。

3. 招标分类

招标，按照市场竞争的开放程度，分为公开招标与邀请招标；按照市场竞争开放的地域范围，分为国内招标和国际招标；按照招标组织实施方式，分为集中招标

和分散招标；按照招标组织形式，分为自行招标和委托招标；按照交易信息的载体形式，分为纸质招标和电子招标；按照招标项目需求形成的方式，分为一阶段招标和两阶段招标。

公开招标属于无限竞争性招标，是招标人以通过依法指定的媒介发布招标公告的方式邀请所有不特定的潜在投标人参加投标，并按照法律规定程序和招标文件规定的评标标准和方法确定中标人的一种竞争交易方式。

邀请招标属于有限竞争性招标，也称选择性招标，是招标人以投标邀请书的方式直接邀请特定的潜在投标人参加投标，并按照法律程序和招标文件规定的评标标准和方法确定中标人的一种竞争交易方式。

4. 招标当事人

招标人是依照《招标投标法》规定提出招标项目、进行招标的法人或者其他组织。招标人可以分为两类：一类是法人，另一类是其他组织。自然人不属于招标人的范畴。

投标人是指响应招标、参加投标竞争的法人或者其他组织。依法招标的科研项目允许个人参加投标的，投标的个人适用《招标投标法》有关投标人的规定。

招标代理机构是依法设立、从事招标代理业务并提供相关服务的社会中介组织。招标代理机构应当在其资格许可和招标人委托的范围内开展招标代理业务，并遵守《招标投标法》中关于招标人的规定。招标人与招标代理机构应当协商签订委托招标代理的书面合同，明确委托招标代理服务的专业内容范围、权限、义务、费用和责任。招标代理服务的业务范围可以包括以下全部或部分工作内容：

（1）策划和制订招标方案或协助办理相关核准手续，包括编制发售资格预审公告和资格预审文件、协助招标人组织资格评审，编制发售招标文件。

（2）组织潜在投标人踏勘现场和答疑、发澄清文件、组织开标。

（3）配合招标人组建评标委员会、协助评标委员会完成评标与评标报告、协助评标委员会推荐中标候选人并办理中标候选人公示。

（4）协助招标人定标、发出中标通知书并办理中标结果公告、协助招标人签订中标合同。

（5）协助招标人向招标投标监督部门办理有关招标投标情况报告。

（6）处理招标人和其他利害关系人提出的异议，配合监督部门调查违法行为。

（7）招标人委托的其他咨询服务工作。

二、招标文件的组成

招标文件按功能可以分成以下三部分：

（1）招标公告或投标邀请书、投标人须知、评标办法、投标文件格式等。该部分主要阐述招标项目需求概况和招标投标活动规则，对参与项目招标投标活动各方均有约束力，但一般不构成合同文件。

（2）工程量清单、设计图纸、技术标准和要求、合同条款等。该部分全面描述招标项目需求，既是招标投标活动的主要依据，也是合同文件的重要内容，对招标人和中标人具有约束力。

（3）参考资料。该部分供投标人了解与招标项目相关的参考信息，如项目地址，当地水文、地质、气象、交通等参考资料。

三、招标基本流程

1. 招标准备

按照国家有关规定需要履行项目审批、核准手续的依法必须进行招标的项目，其招标范围、招标方式、招标组织形式应当报项目审批、核准部门审批、核准。项目审批、核准部门应当及时将审批、核准确定的招标范围、招标方式、招标组织形式通报有关行政监督部门。

2. 建设工程项目报建

建设工程在项目的立项批准文件或年度投资计划下达后，须向建设行政主管部门报建备案。提出招标申请，自行招标或委托招标报主管部门备案。

3. 编制并发布招标公告

依法必须招标的项目，在《中国建设报》《中国日报》《中国经济导报》以及中国采购与招标网等公告媒介上刊登招标公告或发出投标邀请书。

招标人应向三家以上具备承担施工招标项目能力、资信良好的特定法人或其他组织发出投标邀请书。

4. 资格审查

（1）资格预审：是指在开标前对潜在投标人进行的资格审查。资格预审不合格的潜在投标人不得参加投标。

（2）资格后审：是指开标后对投标人进行的资格审查。资格后审不合格的投标人的投标应作废标处理。

进行资格预审的，一般不再进行资格后审，但招标文件另有规定的除外。

5. 编制、发售招标文件

招标单位对招标文件如有修改或补充，须在投标截止时间前 15 日之内，以书面形式修改招标文件，并通知所有投标单位。投标单位收到招标文件后，如有疑问或不清的问题需要招标单位给予澄清解释的，应在收到招标文件后 7 日内以书面形式向招标单位提出，招标单位应以书面形式或投标预备会予以解答。

依法必须进行招标的项目，自招标文件开始发出之日起至投标人提交投标文件截止之日止，最短不得少于 20 日。

6. 勘察现场

在投标预备会的前 1～2 天，招标单位组织所有投标单位踏勘现场，若有疑问，则应在投标预备会前以书面形式向招标单位提出。

招标单位若以投标答疑会的形式对投标单位提出的疑问进行解答，则要以会议纪要形式同时送达所有招标文件的收受人。开标之前，招标单位不得与任何投标单位代表单独接触并个别解答任何问题。

7. 递交投标文件

投标人应当在招标文件要求提交投标文件的截止时间前，将投标文件送达投标地点。招标人收到投标文件后，应当签收保存，不得开启。若投标人少于 3 个，则须重新招标。

投标人在招标文件要求提交投标文件的截止时间前，可以补充、修改或者撤回已提交的投标文件，并书面通知招标人。补充、修改的内容为投标文件的组成部分。

8. 开标、评标、定标

（1）开标。开标应在招标文件规定的时间、地点公开进行，由开标主持人宣布开标人、唱标人、记录人和监标人等。主持人宣布招标文件规定的递交投标文件的截止时间和各投标单位的实际送达时间。在截止时间后送达的投标文件应当场废标。招标人和投标人的代表（或公证机关）共同检查各投标书的密封情况。密封不符合招标文件要求的投标文件应当场废标，不得进入评标，并通知招标办监管人员到场见证。唱标人依唱标顺序依次开标并唱标，唱标内容一般包括投标报价、工期和质量标准、质量奖项等方面的承诺、替代方案报价、投标保证金、主要人员等，在递交投标文件截止时间前收到的投标人对投标文件的补充、修改同时宣布，在递交投标文件截止时间前收到投标人撤回其投标的书面通知的投标文件不再唱标，但须在开标会上说明。招标人设有标底的，由唱标人公布标底。

（2）评标。评标由评标委员会负责。评标委员会应当按照招标文件确定的评标标准和方法，对投标文件进行评审和比较；设有标底的，应当参考标底。评标委员会完成评标后，应当向招标人提出书面评标报告，并推荐合格的中标候选人。

（3）定标。招标人根据评标委员会提出的书面评标报告和推荐的中标候选人确定中标人。招标人也可以授权评标委员会直接确定中标人。中标人确定后，招标人应向其发出书面中标通知书，并同时通知所有未中标投标人中标结果。

四、招标中的造价文件

1. 工程量清单

工程量清单是指载明建设工程的分部分项工程项目、措施项目、其他项目的名称和相应数量，以及规费、税金项目等内容的明细清单。招标工程量清单是指招标人依据相关规范标准、招标文件、设计文件以及施工现场实际情况编制的，随招标文件发布、供投标报价的工程量清单及其说明和表格。招标工程量清单应与招标项目的内容范围完全一致，一般以单位工程为独立单元进行编制。招标工程量清单必须作为招标文件的组成部分，其准确性和完整性由招标人负责。招标工程量清单是工程量清单计价的基础，应作为编制最高投标限价（招标控制价）、投标报价、计算或调整工程量、索赔等的依据之一。

2. 最高投标限价

最高投标限价也称招标控制价或拦标价，是招标人根据招标项目的内容范围、需求目标、设计图纸、技术标准、招标工程量清单等，结合有关规定、规范标准、投资计划、工程定额、造价信息、市场价格以及合理可行的技术经济实施方案，通过科学测算并在招标文件中公开的招标人可以接受的最高投标价格或最高投标价格的计算方法。

3. 标底

标底是招标人能够接受的项目投资预测和市场预期价格，应当按照招标文件规定的招标内容范围、技术标准、招标清单、设计文件以及项目实施方案，结合有关计价规定和市场要素价格水平进行科学测算。标底在工程招标项目中使用较多，货物招标或服务招标中使用较少。

第二节　投标报价

一、投标准备

投标是与招标相对应的概念，是指投标人应招标人的邀请，按照招标文件的要求提交投标文件参与投标竞争的行为。

从投标人获取招标信息、研究招标文件、调研市场环境至组建投标团队为投标准备阶段。投标准备是投标人参与投标竞争的重要阶段，若投标准备不充分，则难以取得预期的投标效果。因此，投标人应充分重视投标准备阶段的相关工作。

投标人获取招标文件之后，应当仔细阅读招标文件，结合招标文件的要求，全面分析自身资格能力条件、招标项目的需求特征和市场竞争格局，准确作出评价和判断，决定是否参与投标，以及如何组织投标、采用何种投标策略。

二、投标文件组成

投标文件一般包括资格证明文件、商务文件和技术文件三部分。价格文件和已标价工程量清单除招标文件要求单独装订外，一般列入商务文件。工程施工项目投标文件一般包括下列内容：

（1）投标函及投标函附录。

（2）法定代表人身份证明或附有法定代表人身份证明的授权委托书。

（3）联合体协议书（如有）。

（4）投标保证金。

（5）已标价工程量清单。

（6）施工组织设计。

（7）项目管理机构。

（8）拟分包项目情况表。

（9）资格审查资料（资格后审项目）。

（10）招标文件规定的其他材料。

三、投标报价

投标报价是投标人经过测算并向招标人递交的承揽实施招标项目的费用报价，一般由总价和分项报价组成，分项报价之和等于总价。投标报价是工程投标的核心。报价过高会失去中标机会，报价过低则会给投标人带来亏损风险。在投标活动中，如何确定合适的投标报价，是投标人需要重点分析、决策的核心问题。

投标人应按招标工程量清单填报价格，填写的项目编码、项目名称、项目特征、计量单位、工程量必须与招标工程量清单一致。所有需要填写的单价和合价的项目，投标人均应填写且只允许有一个报价。未填写单价和合价的项目，视为此项费用包含在已标价工程量清单中其他项目的单价和合价之中。

四、投标报价技巧

投标人能否中标，不仅取决于自身的经济实力和技术水平，还取决于竞争策略和投标技巧的运用。投标人应当在不违反法律法规和招标文件规定的前提下，适当应用一些有利于自己的投标策略和投标报价技巧，以便在竞争中获得主动地位。常用的投标报价技巧与方法有不平衡报价法、多方案报价法、突然降价法、先亏后盈法、争取评标奖励加分、展现投标单位的良好形象等。

1. 不平衡报价法

不平衡报价法是指在工程的总报价确定后，通过调整内部各个项目的报价，以期既不提高总价，也不影响中标，又能在结算时得到理想的经济效益。一般可在以下几个方面考虑采用不平衡报价法：

（1）能够早日拿到进度款的项目可以报得较高（如土方、地下工程），以利于资金周转，后期工程项目可适当降低。

（2）经过工程量核算，预计今后工程量会增加的项目，单价可适当提高，这样在最终结算时可增加利润；预计今后工程量会减少的项目，单价可适当降低，这样工程结算时可减少损失。

2. 多方案报价法

对于一些招标文件，如果发现工程范围不明确，条款不清楚或不公正，或技术规范要求过于苛刻时，就要在充分评估风险的基础上，按多方案报价法处理，即其中一个方案按原招标文件的条件报价，另一些方案则对招标文件进行合理的修改，在修改的基础上报出价格。这时投标者应组织一批有经验的设计、施工和造价人员，仔细研究原招标文件的设计和工艺方案，提出变更某些条件时，给出一个或者几个比原方案更优惠的报价方案，以吸引业主，提高中标率。

3. 突然降价法

报价是一件保密的工作，但是对手往往通过各种手段来刺探情报，因此可以采用迷惑对手的方法，即先按一般情况报价或表现出己方对该工程兴趣不大，并故意把消息透露出去，到快要投标截止时，再突然降价。采用这种方法时，要在事前考虑好降价的幅度，再根据掌握的对手情况进行分析，作出决策。

4. 先亏后盈法

在对某地区进行战略布局时，可以依靠自身的雄厚资金实力和良好的市场信誉，采取低于成本价的报价方案投标，先占领市场再图谋今后的发展。但提出的报价方案必须获得业主认可，同时要加强对企业的宣传，否则即使报价低，也不一定能够中标。

5. 争取评标奖励加分

有的招标文件规定，对某些技术指标的评标，如果提供优于规定的指标值（如工期、质量等级），评标时能给予适当的评标奖励。因此，投标人应利用自身优势争取评标奖励加分，这样有利于在竞争中取胜。

6. 展现投标单位的良好形象

在投标活动中，施工企业要提升公关能力，适当宣传企业的核心价值观、企业理念、企业优势、同类工程业绩和核心竞争力等，在业主心中留下良好印象。

总之，施工企业在投标报价的过程中，首先应根据工程的具体情况确定一个最优的施工方案，然后对成本、风险、利润、中标机会、竞争对手、公关能力等各种因素进行综合分析，运用多种报价策略和技巧，确定一个最佳报价。一个不会运用投标策略和报价技巧的投标者，在投标竞争中是很难成功的。在目前市场竞争异常激烈的情况下，施工企业应当重视对投标策略和报价技巧的研究。

第三节　开标、评标、定标

一、开标

开标是招标投标活动中的一项重要程序。招标人应当在投标截止时间的同一时间和招标文件规定的开标地点组织公开开标，公布投标人名称、投标报价以及招标文件规定的其他唱标内容，并将相关情况记录在案，使招标投标当事人了解、确认并监督各投标文件的关键信息。

开标由招标人主持，也可以由招标人委托的招标代理机构主持。开标应按照招标文件规定的程序进行，一般开标程序如下：宣布开标纪律及有关人员姓名→确认投标人代表身份→公布在投标截止时间前接收投标文件的情况→检查投标文件的密封情况→宣布投标文件的开标顺序→公布标底（如有）→唱标→确认开标记录→开标结束。

招标人可以自行决定是否编制标底。《工程建设项目施工招标投标办法》规定，招标项目可以不设标底，进行无标底招标。《中华人民共和国招标投标法实施条例》规定，招标项目设有标底的，招标人应当在开标时公布。

二、评标

（一）评标委员会

评标由招标人依法组建的评标委员会负责，评标委员会应当按照招标文件规定的评标标准和方法对投标文件进行评审。

招标人应根据招标项目的特点组建评标委员会。依法必须进行招标的项目应当按照相关法律规定组建评标委员会。评标委员会由招标人代表及技术、经济专家组成，成员人数为5人以上单数，其中技术和经济专家不得少于成员总数的2/3。例如，组建7人的评标委员会时，其中招标人代表不得超过2人，技术和经济专家不得少于5人。依法必须进行招标的项目，其评标委员会的专家成员应当从评标专家库内相关专业的专家名单中以随机抽取方式确定。

（二）评标方法

常用的评标方法分为经评审的最低投标价法和综合评估法两类。

1. 经评审的最低投标价法

经评审的最低投标价法是以价格为主导考量因素，对投标文件进行评价的一种评标方法。采用经评审的最低投标价法评标的，中标人的投标应当能够满足招标文件的实质性要求，并且经评审的投标报价最低，但是投标报价低于成本价的除外。

采用经评审的最低投标价法评标，对于实质上响应招标文件要求的投标进行比较时只需考虑与投标报价直接相关的量化折价因素，而不再考虑技术、商务等与投标报价不直接相关的其他因素。

2. 综合评估法

综合评估法是以价格、商务和技术等为考量因素，对投标文件进行综合评价的一种评标方法。采用综合评估法评标的，中标人的投标文件应当能够最大限度地满足招标文件中规定的各项综合评价标准。

（三）评标程序

评标程序是指评标的过程和具体步骤，包括初步评审、详细评审、澄清、推荐中标候选人、编写评标报告等。

工程施工招标项目的初步评审分为形式评审、资格评审和响应性评审。采用经评审的最低投标价法时，初步评审的内容还包括对施工组织设计和项目管理机构的评审。形式评审、资格评审和响应性评审分别是对投标文件的外在形式、投标资格、投标文件是否响应招标文件的实质性要求进行评审。在工程施工招标项目的初步评审过程中，任何一项评审不合格的招标应按废标处理。

详细评审是评标委员会按照招标文件规定的评标方法、因素和标准，对通过初步评审的投标文件做进一步评审。

采用经评审的最低投标价法，评标委员会应当根据招标文件中规定的评标价格计算因素和方法，对投标文件的价格要素做必要的调整，计算所有投标人的评标价，以便使所有投标文件的价格要素按统一的口径进行比较。招标文件中没有明确规定的因素不得计入评标价。

（四）澄清与说明

投标文件的澄清和说明，是指评标委员会在评审投标文件的过程中，遇到投标文件中有含义不明确的内容、对同类问题表述不一致或者有明显文字和计算错误时，要求投标人作出的书面澄清和说明。投标人不得主动提出澄清和说明，也不得借提交澄清和说明的机会改变投标文件的实质性内容。评审时，投标人主动提出的澄清和说明文件，评标委员会不予接受。

投标人在评标中根据评标委员会要求提供的澄清文件，对投标人具有约束力。如果中标，那么对合同执行有影响的澄清文件应当作为合同文件的组成部分，并作为中标通知书的附件发给该中标人。

（五）评标报告与中标候选人

评标报告是评标委员会评标的工作成果。评标委员会完成评标后，应当向招标人提出书面评标报告，并根据招标文件的规定推荐中标候选人，或根据招标人的授权直接确定中标人。

评标报告由评标委员会全体成员签字。对评标结论持有异议的评标委员会成员可以书面形式阐述其不同意见和理由。评标委员会成员拒绝在评标报告上签字且不陈述其不同意见和理由的，视为同意评标结果。评标委员会应当对此作出书面说明并记录在案。评标过程中使用的文件、表格以及其他资料应当及时归还招标人。评标委员会决定否决所有投标的，应当在评标报告中详细说明理由。

工程建设项目评标完成后，评标委员会应当向招标人提交书面评标报告和中标候选人名单。中标候选人应当不超过三个并标明排序。若采用综合评估法，则中标候选人的排列顺序应是，最大限度地符合要求的投标人排名第一，次之的排名第二，以此类推。若采用经评审的最低投标价法，则中标候选人的排列顺序应是，在满足招标文件实质性要求，且投标价格不低于成本的前提下，按照经评审的投标价格从低至高排序列出前三名。

三、定标

招标人应在评标委员会推荐的中标候选人中确定中标人。中标人的投标应当符合下列条件之一：

（1）能够最大限度地满足招标文件中规定的各项综合评价标准。

（2）能够满足招标文件的实质性要求，并且经评审的投标价格最低，但投标价格低于成本的除外。

在发出中标通知书前，如果中标候选人的经营、财务状况发生较大变化或者存在违法行为，招标人认为可能影响其履约能力的，应当请原评标委员会按照招标文件规定的标准和方法审查确认。中标人确定后，招标人应当向中标人发出中标通知书，同时将中标结果通知所有未中标的投标人。中标通知书需要载明签订合同的时间和地点。需要对合同细节进行谈判的，中标通知书上应载明合同谈判的有关安排。中标通知书发出后，对招标人和中标人具有法律约束力，如果招标人改变中标结果的，或者中标人放弃中标项目的，应当依法承担法律责任。

确定中标人一般在评标结果公示期满，没有投标人或其他利害关系人提出异议和投诉，或异议和投诉已经妥善处理、双方再无争议时进行。招标人不得与投标人就投标价格、投标方案等实质性内容进行谈判。

四、招标失败的处理

招标失败的原因很多，主要有以下几种情况：

（1）投标人不足三家，不构成招标必要条件，需要重新招标。

（2）投标人数量超过三家，但符合要求或实质性响应招标要求的投标人少于三家，且不构成竞争关系，招标项目流标。

（3）投标价格均超出项目预算或者招标项目设定的拦标价，招标项目流标。

（4）采购项目发生重大变化或者取消，导致招标项目撤销。

（5）因招标文件存在重大缺陷，导致中标结果不能满足招标需要而流标。

（6）因投标人或监管部门等相关人员提出投诉、质疑，招标结果不成立导致流标。

（7）因招标人、招标代理机构失误或过失，导致招标结果或招标程序不符合相关规定，需要重新组织，本次招标项目流标。

（8）其他情况。

总之，招标失败时，通常的做法是重新发布公告，进行二次招标。在发布二次招标公告前，要针对上次招标失败的原因对招标文件、资格标准、拦标价等进行相应调整。如果二次招标仍然失败，就可以考虑变换招标方式，比如：改公开招标为邀请招标或竞争性谈判等。

第四节　合同签订和管理

一、合同签订

（一）要约与承诺

合同签订一般要经过要约和承诺两个基本过程。

1. 要约

要约是希望和他人订立合同的意思表示。要约的构成要件如下：

（1）要约是由具有订约能力的特定人作出的意思表示。

（2）要约必须向要约人希望与之缔结合同的受要约人发出。

（3）要约必须具有订立合同的意图。

（4）要约的内容必须具体、确定。“具体”是指要约的内容必须具有足以使合同成立的主要条款。“确定”是指要约的内容必须明确，不能含糊不清，否则无法承诺。

（5）要约必须具有缔约目的并表明承诺即受此意思表示的约束。

要约邀请是指一方邀请对方向自己发出要约，而要约是一方向他方发出订立合同的意思表示。要约邀请是当事人订立合同的预备行为，只是引诱他人发出要约，不能因相对人的承诺而成立合同。在发出邀请后，要约邀请人撤回其邀请，只要未给善意相对人造成信赖利益的损失，要约邀请人一般不承担法律责任。在工程建设中，招标行为属于要约邀请。

2. 承诺

承诺是受要约人同意要约的意思表示。即受约人同意接受要约的全部条件而与

要约人成立合同。在工程建设中，招标人向中标人发出的中标通知书实质上就是招标人的承诺。

工程建设招标投标活动中，招标行为属于邀约邀请，对双方不具备约束力；投标属于邀约行为，发出的中标通知书属于承诺，招标投标行为属于合同签订过程的特殊过程。

（二）合同签订与履约保证金

1. 合同签订

招标人和中标人应当在投标有效期内并在自中标通知书发出之日起30日内，按照招标文件和中标人的投标文件签订书面合同，明确双方责任、权利和义务，合同的标的、价款、质量、履行期限等主要条款应当与招标文件和中标人的投标文件的内容一致。签订合同时，双方在不改变招标投标实质性内容的条件下，对非实质性差异的内容可以通过协商取得一致意见。

工程施工合同一般由下列文件组成：

（1）合同协议书。

（2）中标通知书。

（3）投标函及投标函附录。

（4）专用合同条款。

（5）通用合同条款。

（6）技术标准和要求。

（7）设计图纸。

（8）已标价工程量清单。

（9）其他合同文件。

上述合同文件应能互相补充和解释，如有不明确或不一致之处，以约定的优先次序为准。

2. 履约保证金

招标文件要求中标人提交履约保证金的，中标人应当提交。履约保证金是履约担保的通称，是招标人在招标文件中设置的对中标人的履约行为进行约束的限制措施。当中标人出现违反合同规定的情形时，招标人可以约定不予退还全部或部分履约保证金的方式索取赔偿。在签订合同前，中标人应按招标文件规定向招标人提交履约保证金。投标人中标后不提交履约保证金的，招标人可以取消其中标资格，投标保证金不予退还。招标人设置的履约保证金的金额不得超过中标合同金额的10%。

二、合同分类

工程施工合同按照合同计价方式和风险分担情况可划分为总价合同、单价合同和成本加酬金合同三类。

1. 总价合同

总价合同的工程数量、单价及总价一般不变，除约定的合同范围调整或者设计变更可以调整总价之外，还可约定人工、材料和设备等部分要素价格波动时依据相应的指数调整总价，除此之外的其他风险则由承包人承担。总价合同一般适用于工程规模较小、技术比较简单、工期较短（一般不超过一年）、具备完整详细设计文件的工程建设项目。

2. 单价合同

单价合同是由发包人提供工程量清单，承包人据此填报单价所形成的合同，其特点为工程量的变化风险由发包人承担，单价风险由承包人承担。单价合同也可约定部分要素价格波动依据相应的指数调整单价。

3. 成本加酬金合同

合同价格中工程成本按照实际发生额计算确定和支付，承包人的酬金可以按照合同双方约定额度或者比例的工程管理服务费和利润额计算确定，或按照工程成本、质量、进度的控制结果挂钩奖惩的浮动比例未计算核定。

三、合同管理

（一）合同管理的基本概念

合同管理全过程就是由洽谈、草拟、签订、生效开始，直至合同失效为止。不仅要重视合同签订前的管理，更要重视合同签订后的管理。系统性就是凡涉及合同条款内容的各部门都要一起共同管理。动态性就是注重履约全过程的情况变化，特别要掌握对自己不利的变化，及时对合同进行修改、变更、补充甚至中止或终止。

建设工程施工合同即建筑安装工程承包合同，是发包人与承包人之间为完成商定的建设工程项目，明确双方权利和义务的合同。合同的主要条款为：勘察、设计合同应当包括提交有关基础资料和文件的条款；施工合同的内容应当包括工程范围、建设工期、工程质量、工程造价、技术资料交付时间、材料和设备供应责任、拨款和结算、竣工验收、质量保修范围和质量保证期、双方相互协作等条款；监理合同应当包括发包方委托监理的内容、发包方与监理方权力责任的划分、监理费用及付款方式等条款。

随着市场经济的不断深入，施工合同管理已经成为工程项目管理的核心内容，合同履约这一管理意识成为约束建设市场经济行为的普遍准则。企业管理应严格按照管理体制把握施工全过程的合同管理，切实保证合同的履行，维护合同双方的权益，真正把合同管理落到实处。只有这样，才能为企业自身创造更大的经济效益，使企业自身在竞争激烈的行业中立于不败之地。

（二）造价条款分析

1. 合同计价的形式

按承包工程的计价方式，合同可分为总价合同、单价合同和成本加酬金合同。总价合同可分为固定总价合同和可调价总价合同。单价合同又分为固定单价合同和可调单价合同。合同中应明确合同形式，并按合同形式的要求确定后续计价条款。

2. 预付款

工程预付款是建设工程施工合同订立后由发包人按照合同约定，在正式开工前预支给承包人的工程款。工程实行预付款制的，合同双方应根据合同通用条款及价款结算办法的有关规定，在合同专用条款中约定并履行。预付款又称备料款，它是建设单位按规定拨付给承包人为合同工程施工购置材料、工程设备，购置或租赁施工设备、修建临时设施以及组织施工队伍进场等所需的款项。工程预付款的额度最高不得超过合同金额（扣除暂列金额）的30%。

工程预付款是施工准备和所需材料、构件等流动资金的主要来源，应在工程进度款中逐次扣回，也可称为预付款扣回。

工程预付款起扣点的公式为：$T=P-M/N$。式中：T 为起扣点；P 为承包合同总额；M 为工程预付款总额；N 为主要材料和构件所占比重。

3. 工程进度款

工程进度款是指在施工过程中，按逐月（或形象进度，或控制界面等）完成的工程量计算的各项费用总和。工程进度款一般按当月实际完成工程量进行结算，工程竣工后办理竣工结算。在工程价款结算中，应在施工过程中双方确认计量结果后14天内，按完成工程量支付工程进度款。发包人应按不低于工程价款的60%、不高于工程价款的90%向承包人支付工程进度款。

4. 材料价格调整

施工期内，当材料价格发生波动并超过合同约定的涨幅时，承包人采购材料前应报经发包人复核采购数量，确认用于本合同工程时，发包人应认价并签字同意；发包人收到资料后，在合同约定日期到期后，不予答复的可视为认可，作为调整该种材料价格的依据；若承包人未经发包人审核即自行采购，再报发包人调整材料价格，若发包人不同意，则不作调整。

5. 竣工结算

在工程进度款结算的基础上，根据所搜集的各种设计变更资料和修改图纸，以及现场签证、工程量核定单、索赔等资料进行合同价款的增减调整计算，最后汇总为竣工结算造价。竣工结算是在工程竣工并经验收合格后，在原合同造价的基础上，将有增减变化的内容按照施工合同约定的方法与规定，对原合同造价进行相应的调整，编制确定工程实际造价并作为最终结算工程价款的经济文件。

第五章

工程变更与现场签证

第一节　工程变更概述

一、工程变更简介

工程变更是指在信息系统工程建设者的实施过程中，由于项目环境或者其他原因而对项目的部分或者全部功能、性能、架构、技术、指标、集成方法和项目进度等作出的改变。

工程变更是指因设计文件或技术规范修改而引起的合同变更，具有一定的强制性，且以监理工程师签发的工程变更令为存在的充要条件。

工程变更是全过程索赔的关键环节之一。变更价款是承包人获得额外收入的主要来源，往往占合同价格的10%~25%。相对于经济索赔，工程变更是发包人容易接受的方式。

工程变更是工程合同特行的约定。设计图纸不完备、发包人改变想法以及施工条件不可预料等决定了工程施工具有不确定性的特点。为了提高应对不确定事件的效率，工程合同赋予发包人单方面变更的权利，同时赋予承包人请求按照合同约定的估价方法增减合同价款、顺延工期的权利。

工程变更可分为设计变更、施工方案变更、新增附加工作和删除工作四类。其中，设计变更是主要类型，施工方案变更是难点。

工程变更一般可分为建议、发变更指令、变更报价、实施变更等阶段。变更指令一般由工程师发出，其他无权变更人士发出变更指令，承包人实施该变更，发包人未提出异议的，视为发包人追认该变更指令。

工程变更估价的通常做法是尽量参照合同价格的估价三原则：① 已标价工程量清单或预算书有相同项目的，按照相同项目单价认定；② 已标价工程量清单或预算书中无相同项目，但有类似项目的，参照类似项目的单价认定；③ 变更导致实际完

成的变更工程量与已标价工程量清单或预算书中列明的该项目工程量的变化幅度超过15%的，或已标价工程量清单或预算书中无相同项目及类似项目单价的，按照合理的成本与利润构成的原则，由合同当事人确定变更工作的单价。近来，工程变更有按实际估价的趋势，但尚不是主流。工程变更估价中最特殊的问题是：合同价格过高、过低时是否还应按原合同价格进行估价。本书从工程合同中的不修订合同原则及公平原则出发，认为不宜按原合同价格估价，而宜按实际估价。

二、工程变更的特点

1. 发包人为完成工程依合同作出的单方面改变

工程变更指发包人为完成工程依据合同约定对工程及其实施方式所作的改变。工程变更包括改变工作特性、改变工程位置尺寸、改变施工方案和时间、为完成工程需要追加的额外工作、删除不再实施的工作等。

工程变更具有以下特点：

（1）工程变更的主体是发包人。承包人、设计人有权建议变更，但无权发出变更指令。

（2）工程变更的目的是改善工程功能及顺利完成工程。依据法律规定及工程惯例，未经承包人同意，工程师及发包人无权修改合同。工程变更只是为了完成工程而赋予发包人单方面的权利。

（3）工程变更的内容是对工程的外观、标准、功能及其实施方式的改变。一项工程变更可包括对合同标的本身的修改，如工程量、质量标准、标高、位置和尺寸的变化、工作删减和任何附加工作，以及实施方式的改变，如工程实施顺序和时间安排的变化。改变的工程及其实施方法既不在承包人包干价款的合同工作范围之内，也不在承包人的合同其他义务之内。如发包人要求使用高价材料，显然不在承包人采购材料的义务之内，该变更构成了质量标准修改。

（4）非承包人过错。

工程变更有两方面的效果：一方面，除非有证据证明承包人确实无法实施此项变更，否则工程变更令一经发出，承包人必须执行发包人的变更指令。承包人可以对工程师发出的变更进行预期估计，当承包人觉得难以实施此项变更时，可以向发包人提出。另一方面，承包人有权依据合同约定的估价方法要求变更合同价款、顺延工期。

2. 额外工作和实质删除应征得承包人同意

（1）工程变更范围以顺利完成工程为限，超过为合同变更。

工程合同中的工程变更并非法律意义上的合同变更。合同变更是指合同成立后，当事人双方在原合同的基础上对合同的内容进行修改和补充。工程变更实质上是承发包双方在工程合同中协商的结果，是一种特殊的合同变更。这种特殊性体现在以下几个方面：

① 协商时间特殊。合同变更的协商发生在履约过程中合同内容变更之时。而工程变更的范围、估价原则等的协商发生在合同订立之时，但变更内容及价款的协商发生在变更之时。

② 变更主体特殊。在签订合同后，合同变更的主体是协商一致的承发包双方，而工程变更的主体是发包人。

③ 变更范围特殊。合同变更范围可为全部合同内容，但工程变更范围仅限于为顺利实施工程而对工程的外观、标准、功能及其实施方式所作的必须修改。标准合同中，发包人均委托工程师进行工程变更，但工程师无权修改合同。监理人无权免除或变更合同约定的发包人和承包人的权利、义务和责任。

发包人为顺利完成工程所需而改变工程的外观、标准、功能及其实施方法，如附加工作、一般删除，属于工程变更，无须征得承包人同意，承包人可以要求按估价三原则估价。发包人为顺利完成工程所需以外原因改变工程的外观、标准、功能及其实施方法的，如额外工作和实质删除，属于合同变更，应事先征得承包人同意且重新估价。

（2）额外工作需征得承包人同意且可重新估价。

在施工过程中，工程师和发包人经常要求承包人完成各种增加的工作，这种新增工程可以分为附加工作和额外工作。

附加工作是为完成合同工程所需要实施的新增工作，是对合同工程主体功能的必要补充。附加工作是一种工程变更。

额外工作是与完成合同工程没有必然联系的新增工作。即使缺少这些工作，原合同工程仍然可以发挥预期效益。额外工作是发包人本应重新招标确定新的承包人来实施，但发包人为方便就直接以变更的方式要求原承包人实施，原承包人既可以接受也可以拒绝。对于额外工作的价款，双方应重新协商确定。工程师指令的新增工作如属于额外工作，承包人可以要求先协商确定合理价格，否则可以拒绝实施。如属于附加工作，即使未确定价款，承包人也应该实施。

（3）实质删除需征得承包人同意且可补偿预期利润。

在施工过程中，发包人经常要求取消一些工作。这种取消工作可分为一般删除和实质删除。

一般删除是指发包人为顺利实施工程需要删除少量次要工作，并且不再实施这部分工作。一般删除不能实质性改变合同工程。一般删除的工作不能转由发包人或其他人实施。一般删除是一种工程变更。

实质删除是指在一般删除之外删除大量或重要的合同工作。实质删除的本质是

部分解除工程被删除部分的合同。依据法律规定，发包人无权擅自解除工程合同。因此，发包人实施实质删除应征得承包人同意，并应补偿承包人因此造成的损失，主要是预期利润。

工程师指令删除工作时，承包人应区分是属于一般删除还是实质删除。若属于实质删除，则可以要求先协商确定补偿金额，否则承包人可以拒绝删除工作。

三、工程变更的影响

合同成立以后客观情况发生了当事人在订立合同时无法预见的、非不可抗力造成的不属于商业风险的重大变化，继续履行合同对于一方当事人明显不公平或者不能实现合同目的，当事人请求人民法院变更或者解除合同的，人民法院应当根据公平原则，并结合案件的实际情况确定是否变更或者解除。此规定在建筑施工合同中的合理运用，对于整个建筑市场的发展有着极其重要的意义。

工程变更对建设项目造价水平具有重要的影响。一定数量的工程变更可能对工程项目的总建造成本产生负面影响。一般来说，工程变更的数量越多，成本增加得越多，对工程造价的影响越大。

项目变更会发生在项目实施过程中的任一阶段，在项目生命周期里，项目变更发生得越早，项目已形成的价值越小，已消耗的资源越少，后续计划的灵活性越强，相应的损失就会越小。在项目的设计阶段，一个子系统设计或部分设计中的变更只要求其他相关系统重新设计；而设计完成后的设计变更将会给项目范围、成本和进度都带来很大的影响：在建设或安装阶段，变更发生得越晚，变更的破坏性越大，对项目造价的影响会越来越大，直接影响项目的投资。若处理不好，则投资控制很难圆满完成。

一般工程合同外费用所占的比例较高，正常的变更价款大约是合同价的 10%，这类合同的运行情况相当不错。此时，业主能迅速按工程进度支付款项，双方都能满意并顺利协商。然而，当变更价款超过合同价的约 15%时，变更的效应将基于承包商的管理技能和每一个不同项目的独特条件开始影响变更工程和未变更工程的进度和成本费用。但是，当变更价款超过合同价的约 20%时，无论是变更工程还是未发生变更的工程都会经受变更的潜在影响。在持续的变更环境中，变更工程和未变更工程的成本估价将变得非常困难。统计学分析结果表明，设计变更和施工措施变更是建设项目工程变更的主要形式，是控制的重要对象。例如，在市政工程中，以样本加权算术平均值统计的设计变更和施工措施变更所占比例分别为 32. 08%和 67. 92%。施工变更尤其对市政工程造价产生较大的影响。

四、工程变更适用的条件

（1）建设工程合同应合法、有效，这是适用变更原则的基础。若该建设工程合同为无效或属于可撤销合同，则不适用情势变更原则。因为，它们从签订时就没有法律效力，而可撤销合同在签订合同时就已经存在这一情况，只是在缔约时由于一方的故意或过失而签订了合同，所以不涉及签订后客观情况的变化。

（2）应有变更的客观事实，也就是合同赖以存在的客观情况确实发生变化，这是适用变更原则的前提条件。变更事实的证明涉及举证责任与证据证明力的问题。通常，在建设工程合同纠纷案件审判或仲裁程序中，对情势变更原则的适用由主张一方当事人负举证责任，并尽量在主张时提交证据证明两个基本法律事实：确实发生了变更以及变更的程度、变更后显失公平的程度。

（3）变更须为当事人所不能预见。如果当事人在订立合同时能够预料到相关变更，或者能够克服该事件，如工程建设过程中因正常雨雪天气导致施工工期的延误，那么该事件发生的风险应由有过错方当事人自己承担，而不得请求适用情势变更原则。根据最高人民法院审判业务意见，在审判实务中，法院对“无法预见”主张审查以下三个因素：其一，预见的时间，预见的时间应当是合同缔结之时；其二，预见的标准，该标准应为主观标准，即以遭受损失一方当事人的实际情况为准；其三，风险的承担，若根据合同的性质可以确定当事人在缔约时能够预见变更或者自愿承担一定程度的风险，则无运用情势变更之余地。

（4）变更必须不可归责于双方当事人，也就是由除不可抗力以外的其他意外事故所引起。若可归责于当事人，则应当由其承担风险或者违约责任，而不适用情势变更原则。

（5）变更的事实发生于合同成立后、履行完毕前。这是一个很重要的时间条件，如果订立合同时已经发生情势变更，就表明相关当事人已经认识到合同的基础发生了变化，且对这个变化自愿承担风险。若在合同履行期满后，迟延期间发生了情势变更，则属于违约行为，该当事人应承担情势变更的不利后果。

（6）变更发生后，若继续维持合同效力，则会对当事人显失公平。根据《中华人民共和国民法典》第一百五十一条的规定：一方利用对方处于危困状态、缺乏判断能力等情形致使民事法律行为成立时显失公平的，受损害方有权请求人民法院或者仲裁机构予以撤销。

五、工程变更的基本要求

建筑工程项目合同变更的基本要求如下：

（1）合同变更要经过有关专家（监理工程师、设计工程师、现场工程师等）的科学论证和合同双方的协商。在合同变更具有合理性、可行性，而且由此引起的进度和费用变化得到确认和落实的情况下方可实行。

（2）合同变更应以监理工程师、发包人和承包商共同签署的合同变更书面指令为准，并以此作为结算工程价款的凭据。情况紧急时，监理工程师的口头通知也可接受，但必须在48小时内追补合同变更书。承包商若对合同变更有不同意见可在7~10天内以书面形式提出，但发包人决定继续执行的指令，承包商应继续执行。

（3）合同双方都必须遵守合同变更程序，依法进行，任何一方都不得单方面擅自更改合同条款。

（4）合同变更的次数应尽量减少，变更的时间应尽量提前，并在事件发生后的一定时限内提出，以避免或减少给工程项目建设带来的影响和损失。

（5）合同变更所造成的损失，除依法可以免除的责任外，如设计错误、设计所依据的条件与实际不符、图与说明不一致、施工图有遗漏或错误等，应由责任方负责赔偿。

第二节　工程变更产生原因及变更程序

一、工程变更产生的原因

1. 主要原因概述

产生工程变更的原因主要有以下几个方面：

（1）因为设计人员、工程师、承包商事先没能很好地理解发包人的意图，或设计错误，导致图纸修改。

（2）发包人有新的意图，发包人修改项目总计划、削减预算等。

（3）因为出现新的技术和知识，有必要改变原设计、原实施方案或实施计划。

（4）合同双方当事人由于公司倒闭或其他原因转让合同，造成合同当事人变化。

（5）因为工程环境的变化，预定的工程条件不准确，而必须改变原设计、实施方案或实施计划，或由于发包人指令及发包人责任的原因造成承包商施工方案的变更。

（6）政府部门对工程提出新的要求，如国家计划变化、环境保护要求、城市规划变动等。

（7）因为合同实施出现问题，必须调整合同目标或修改合同条款。

2. 工程变更对工程造价的负面影响

（1）工程建设程序执行没有严格把关造成工程变更，使得工程造价形成资金缺口。工程建设项目应该经过项目立项申请、可行性研究、初步设计的审批程序，其工程造价应按批准的投资额度控制，把工程建设各阶段的工程造价实际发生额控制在相应的限额以内，强调科学准备、精心合理的组织实施、严格的监控。但有些建设单位不履行必要的程序，没有做好必要的准备而急于项目的开工，对投资额度的测算、建筑标准的把握、设计深度的审查、招标文件和承包合同的合理和完善程度，没有严格把关，在工程建设中边设计、边施工、边变更，对施工中的工程想改就改，其直接后果是工程造价大大超过批准的投资额度，形成资金缺口，引发各种问题。

（2）因设计没有得到足够的重视和审查而发生工程设计变更，从而增加建设成本。有些建设单位没有采取措施去促使设计单位精心设计和限额设计，大量的工程没有推行设计招标，没有对设计方案进行优选，缺乏精品意识；有些建设单位甚至为了节省设计费，不通过正规的渠道进行施工图设计，而是私下找人设计，造成图纸不完整、不配套或漏洞百出，屡屡造成工程变更和设计修改，使工程造价控制困难。另外，有些设计人员素质不高，造成在施工过程中发生本不应该发生的设计变更，延误建设工期，增加建设成本。

（3）有些建设单位对控制工程造价的意识淡薄，使得工程造价严重超算。有些建设单位认为，国家投资的项目概算超估算、预算超概算、结算超预算的资金缺口反正也不是本单位出，而是由政府支付，因此，在工程批准建设后不愿花过多的精力去管理和控制工程造价，对工程变更、设计修改所造成的工程造价增加熟视无睹、听之任之，导致国家资产受损，工程建设滞后。

（4）缺乏专业技术人员、轻信承包商意见而发生工程设计变更，从而增加工程造价。由于许多建设单位缺乏工程技术人员，对工程技术方面的知识了解甚少，对工程施工承包商提出的问题不能正确地分析和判断。因此，建设单位往往轻信承包商的意见，增加了一些不合理的变更、设计修改，画蛇添足，从而增加工程造价。

（5）施工方擅自修改而发生工程设计变更，从而增加工程造价。在工程招投标时，有些施工单位为了中标而盲目压价。有的是采用不平衡报价法，低价中标后就想尽办法保报价高的项目，而把原来那些报价低的项目想方设法变更、删除，甚至不经甲方同意擅自变更，造成既定事实，迫使甲方认可，从而达到获取更大利润的目的。

（6）因不合理的行政干预而发生工程设计变更，从而增加工程造价且质量也无法保证。目前，一些建设单位和主管部门领导层对于控制工程造价的理解往往只停留在预结算上，致使对工程造价管理缺乏全面而系统的定位，缺乏全过程、全方位、动态的管理。对工程造价的控制，主要侧重于事后核算，即对竣工结算的核算，其他阶段的控制显得非常薄弱。如在工程施工前，不认真组织各方人员对设计图纸、施工图纸进行会审，及时提出修改意见，而是在工程施工中或完工后随意发表一些个人片面的意见，对工程提出变更或修改。这就势必使在建的或已完工的工程拆除重建，造成工期延误和材料浪费。这样，会增加工程造价，而且质量也无法保证。

（7）监理不尽职责，对变更工程签章不严肃认真对待，导致工程造价提高。在实际工作中，有的监理人员对工程造价的控制并不重视，表现在对施工方提出的变更要求往往都给予认可签字，有的甚至是工程完工半年后才补签变更，其真实性值得怀疑。

二、工程变更的类型

通常，工程变更可以分为以下四类。

（1）设计图纸变更。设计图纸变更是指改变合同中任何一项工作的质量或其他特性，或改变合同工程的基线、标高、位置或尺寸等。这是工程变更中最主要的一类变更。如果细节图纸与合同图纸不同，即构成了设计变更。

（2）施工方案变更。施工方案变更是指改变合同中任何一项工作的施工时间或改变已批准的施工工艺或顺序。发包人或工程师要求承包人修改施工方案，构成工程变更的，发包人应承担相应的责任。不利地质条件也可以造成施工方案变更。在施工承包中，由发包人提供设计图纸、地质勘察报告及其他基础性资料，若出现承包人无法预料到的不利地质条件，致使承包人修改施工方案的，则由发包人承担因此增加的部分价款。

（3）工作删除。

（4）附加工作。

值得注意的是，有学者将既不属于包干范围，也不属于工程变更、经济索赔，但按理应计价的工作称为拟制工程变更。通常，这种工作不一定视作工程变更，可在工程估价时处理。

三、建设工程施工变更的程序

1. 提出变更

监理工程师决定根据有关规定变更工程时，向承包人发出变更意向通知，其内容主要包括以下几个方面：

（1）变更的工程项目、部位或合同内容。

（2）变更的原因、依据，以及有关的文件、图样、资料。

（3）要求承包人据此安排变更工程的施工或合同文件修订的事宜。

（4）要求承包人向监理工程师提交此项变更给工程费用带来的影响的估价。

2. 收集资料

监理工程师指定专人受理变更，着手收集与该变更有关的一切资料，包括以下几个方面：

（1）变更前后的图样（或合同、文件）。

（2）技术变更洽商记录。

（3）技术研讨会记录。

（4）来自建设单位、承包商、监理工程师方面的文件，会谈记录方面的规定与文件；上级主管部门的指令性文件等。

3. 评估费用

（1）监理工程师根据掌握的文件和实际情况，按照合同有关条款考虑综合影响，完成上述工作之后对变更费用作出评估。

（2）评估的主要工作在于审核变更工程数量及确定变更工程的单价及费率。

4. 协商价格

监理工程师应与承包商和建设单位就工程变更费用评估的结果进行磋商。在意见难以统一时，监理工程师应确定最终的价格。

5. 签发工程变更令

（1）变更资料齐全，变更费用确定后，监理工程师应根据合同规定签发工程变更令。

（2）工程变更令主要包括文件目录、工程变更令文本、工程变更说明、工程费用估计表及有关附件。

（3）工程变更令必须是书面的，如果因某种特殊原因，监理工程师有权口头下达变更命令。承包商应在合同规定的时间内要求监理工程师书面确认。

（4）监理工程师在决定批准工程变更时，要确认此工程变更属于合同范围，是本合同中的工程或服务等，此变更必须有助于保证工程质量，必须符合规范。

6. 监理单位对设计变更的处理程序

（1）处理程序。

1）总监理工程师组织专业监理工程师审查总承包单位提交的设计变更要求。

2）若审查后同意总承包单位的设计变更申请，则按下列程序进行：

① 项目监理机构将审查意见提交给建设单位。

② 项目监理机构取得设计变更文件后，结合实际情况对变更费用和工期进行评估。

③ 总监理工程师就评估情况与建设单位和总承包单位协商。

④ 总监理工程师签发工程变更单。

3）若审查后不同意总承包单位的设计变更申请，则应要求施工单位按原设计图纸施工。

（2）设计变更的处理示例。

通常合同约定，变更经由发包人确认后，向设计单位提出变更，设计单位对变更后的文件及变更单进行反馈，监理工程师及施工单位据此进行监理和施工；但是实际中，在处理工程变更问题时会遇到很多问题。比如，监理工程师直接给设计单位提交变更问题，设计单位直接给监理单位发送设计变更图纸；承包人直接对设计单位提出变更，设计人直接将变更图纸发给承包人。

设计人直接给承包人发送设计细节图纸（变更了合同图纸）的，如发包人无异议，可以视为承认设计变更。特别说明：

① 在收到设计细节图纸后，应仔细与合同图纸进行比较。如有差异，按工程变更程序规定的时间及时详细说明并向发包人（工程师）提交变更价款调整报告。

② 收到设计细节图纸后，如暂时不能提交变更价款调整报告，宜通过联系单等形式告知发包人有关变更情况。

③ 如果发包人不认可变更价款调整报告，那么应保留已经按照设计细节图施工的相关证据。

四、建设工程项目合同变更的程序

建筑工程项目合同变更的程序：提出合同变更→批准合同变更→发出及执行合同变更指令。具体内容如下。

1. 提出合同变更

合同变更的提出有如下三种情况：

（1）发包人提出合同变更。发包人可通过工程师提出合同变更。但若发包人提出的合同变更内容超出合同限定的范围，则其提出的变更属于新增工程，要另签合同，除非承包方同意作为变更。

（2）承包商提出合同变更。承包商提出合同变更，通常是由于工程遇到不可预见的不利地质条件或地下障碍。例如，原设计的某大厦基础为钻孔灌注桩，承包商根据开工后钻探的地质条件和施工经验认为改成沉井基础较好。也有可能是承包商为了节约工程成本或加快工程施工进度，提出合同变更。

（3）工程师提出合同变更。工程师往往根据工地现场工程进展的具体情况，认为确有必要时可提出合同变更。在工程施工过程中，因设计考虑不周或施工时环境发生变化，工程师本着节约工程成本、加快工程进度和保证工程质量的原则，可提出合同变更。只要提出的合同变更在原合同规定的范围内，一般是切实可行的。若超出原合同规定的范围，新增了很多工程内容和项目，则属于不合理的合同变更请求，工程师应和承包商协商后酌情处理。

2. 批准合同变更

若是由承包商提出的合同变更，则应交给工程师审查并批准；若是由发包人提出的合同变更，为便于工程的统一管理，则通常由工程师代为发出变更单。

工程师有发出合同变更通知的权力，这是工程施工合同明确约定的。当然该权力也可约定为发包人所有，发包人通过书面授权的方式使工程师拥有该权力。但若合同对工程师提出合同变更的权力作了具体限制，当工程师发出超出其权限范围的合同变更指令时，则应附上发包人的书面批准文件，否则承包商可拒绝执行。在紧急情况下，不应限制工程师向承包商发布其认为必要的变更指令。

合同变更审批的基本原则如下：

（1）考虑合同变更对工程进展是否有利。

（2）考虑合同变更是否可以节约工程成本。

（3）保证变更项目是否符合本工程的技术标准。

（4）考虑合同变更要兼顾发包人、承包商或工程项目之外其他第三方的利益，不能因合同变更而损害任何一方的正当权益。

（5）若工程受阻，如遇到特殊风险、人为阻碍，合同一方当事人违约等，则变更工程。

3. 发出及执行合同变更指令

为了避免耽误工作，工程师在和承包商就变更价格达成一致意见之前，须先行发布变更指令，通常分两个阶段发布变更指令：第一阶段，在没有规定价格和费率的情况下指令承包商继续工作；第二阶段，在通过进一步的协商后发布确定变更工程费率和价格的指令。

合同变更指令的发出形式有以下两种：

（1）书面形式。一般情况下要求工程师签发书面变更通知令。当工程师书面通知承包商工程变更时，承包商才能执行变更的工程。

（2）口头形式。工程师先发出口头指令要求合同变更，事后再补签一份书面的合同变更指令。如果工程师口头指令后忘了补书面指令，那么承包商（须在 7 天内）可以书面形式证实此项指令，交予工程师签字，工程师若在 14 天之内没有提出反对意见，则应视为认可。

五、工程项目变更应遵循的规则

（1）合同变更必须用书面形式或以一定规格写明。对于要取消的任何一项分部工程，合同变更应在该部分工程还未施工前进行，以免造成人力、物力、财力的浪费，也避免造成发包人多支付工程款项。

（2）根据通常的工程惯例，除非工程师明显超越合同赋予的权限，承包商应该无条件地执行其合同变更的指令。如果工程师根据合同约定发布了进行合同变更的书面指令，那么不论承包商对此是否有异议，不论合同变更的价款是否已经确定，也不论监理方或发包人答应给予付款的金额是否令承包商满意，承包商都应无条件地执行此种指令。若承包商有意见，则只能一边进行变更工作，一边根据合同规定寻求索赔或仲裁解决。在争议处理期间，承包商有义务继续进行正常的工程施工和有争议的变更工程施工，否则可能会构成承包商违约。

六、工程变更的责任分析

工程变更的责任可从设计变更和施工方案变更两方面来分析。

1. 设计变更

通常设计变更会引起工程量的增加或减少，甚至导致新增或删除工程分项、工程质量和进度的变化及实施方案的变化。一般由工程师（监理工程师或业主代表）直接通过下达指令，重新下发变更图纸或变更单来实现。

2. 施工方案变更

施工方案变更的责任分析通常比较复杂，主要表现在以下几方面：

（1）在投标文件中，承包商在施工组织设计中提出比较完备的施工方案，但施工组织的设计不作为合同文件的一部分。注意事项如下：

① 施工合同规定，承包商应对所有现场作业和施工方法的完备、安全及稳定负全部责任。这一规定表明在通常情况下，由于承包商自身原因（如失误或风险）修改施工方案所造成的损失应由承包商负责。

② 施工方案虽然不是合同文件，但是它也有约束力。发包人向承包商授标前可要求承包商对施工方案作出说明，甚至可以要求修改施工方案，以符合发包人的要求。通常承包人会积极满足发包人的要求，以争取中标。

③ 在工程中承包商采用或修改实施方案都要经过工程师的批准或同意。

④ 承包商对决定和修改施工方案具有相应的权力，发包人不能随便干预承包商的施工方案；为了更好地完成合同目标（如缩短工期），或在不影响合同目标的前提下，承包商有权采用更为科学和经济合理的施工方案，发包人不得随便干预；承包商应承担重新选择施工方案的风险和收益。

（2）重大的设计变更常常会导致施工方案的变更，若设计变更由发包人负责，则相应的施工方案的变更也由发包人承担责任；反之，则由承包商负责。

（3）施工进度的变更是十分频繁的。在招标文件中，发包人给出工程的总工期目标，承包商在投标书中有一个总进度计划（一般以横道图形式表示），中标后承包商还要提出详细的进度计划，由工程师批准（或同意）。在工程开工后，每月都可能对施工进度进行调整。

通常只要工程师（或发包人）批准（或同意）承包商的施工进度计划（或调整后的施工进度计划），则新的施工进度计划就有约束力。如果发包人不能按照新的施工进度计划完成各项工作，如及时提供图纸、施工场地、水电等，那么就属发包人违约，发包人应承担责任。

（4）因不利的异常地质条件所引起的施工方案的变更属发包人的责任。例如，一个有经验的承包商无法预料除了现场气候条件以外的障碍或条件，发包人负责地质勘察和提供地质报告，其应对报告的正确性和完备性承担责任。

七、工程变更管理中的注意事项

工程变更管理中的注意事项主要是为了防止合同纠纷的发生，具体可从以下几个方面考虑。

1. 对变更条款进行认真的合同分析

（1）工程变更不能超出合同规定的工程范围，如果超过这个范围，承包商有权不执行变更或坚持事先商定价格后再进行变更。发包人和工程师的认可权必须限制。发包人常常通过工程师对材料、设计、施工工艺的认可权提高材料质量标准、设计质量标准、施工质量标准。如果合同条文的规定比较含糊或不详细，就很容易产生争执。但是，如果这种认可权超过合同明确规定的范围和标准，那么承包商应争取发包人或工程师的书面确认，进而就工期和费用提出索赔。

（2）承包商与发包人、总（分）包之间的任何书面信件、报告、指令等都应经合同管理人员的技术和法律方面的审查，这样才能保证任何变更都在控制中，不会出现合同纠纷。

2. 促使工程师将工程变更提前

（1）在实际工作中，变更决策时间过长和变更程序太慢会造成很大的损失。通常有两种现象：一是现场施工停止，承包商等待变更指令或变更会谈决议，造成工期拖延；二是不能迅速作出变更指令，而现场继续施工，造成更大的返工损失。因此，变更程序应尽量快捷，承包商也应尽早发现可能导致工程变更的种种迹象，尽可能促使工程师提前作出工程变更。

（2）若施工中发现图纸错误或其他问题需进行变更，则应首先通知工程师，经工程师同意或通过变更程序后再进行变更。否则，承包商不仅得不到应有的补偿，而且会带来麻烦。

3. 正确判定工程师发出的变更指令

对已收到的变更指令，特别是重大的变更指令或在图纸上作出的修改意见，应予以核实。对超出工程师权限范围的变更，应要求工程师出具发包人的书面批准文件。对涉及双方责权利关系的重大变更，必须有发包人的书面指令、认可或双方签署的变更协议。

4. 迅速、全面落实变更指令

变更指令发出后，承包商应迅速、全面、系统地落实变更指令。承包商应全面修改相关的各种文件，如有关图纸、规范、施工计划、采购计划等，使它们反映和兼容最新的变更。承包商应在相关的各工程小组和分包商的工作中落实变更指令，并提出相应的措施，对新出现的问题作出解释和对策，同时协调好各方面的工作。

5. 注意收集收据资料

合同变更是索赔的主要依据，应在合同规定的索赔有效期内完成对它的索赔处理。在合同变更过程中应记录、收集、整理所涉及的各种文件，如图纸、各种计划、技术说明、规范以及发包人或工程师的变更指令，以作为进一步分析的依据和索赔的证据。

在工程变更中，应特别注意因变更导致返工、停工、窝工、修改计划等而造成的损失，注意相关证据的收集。在变更谈判中应对此项费用进行商谈，保留索赔权。在实际工程中，人们常常会忽视这些损失证据的收集，在最后提出索赔报告时往往因举证和验证困难而被对方否决。

八、工程设计变更的签发原则

工程设计变更无论由哪方提出，都应经过建设单位、设计单位、监理单位、施工单位协商，他们确认后由设计单位发出相应的图纸或说明，并办理签发手续，下发到各部门付诸实施。审查时应着重注意以下几点：

（1）判断是否确属原设计不能保证工程质量要求、存在设计遗漏和错误以及与现场不符，导致无法施工、非改不可等情况。

（2）工程变更应在技术上可行，并全面考虑变更后产生的效益（质量、工期、造价）。应与现场变更引起施工单位索赔所产生的损失加以比较，权衡轻重后再作决定。

（3）工程变更引起的造价增减幅度是否控制在总概算的范围之内，若确需变更但有可能超出概算时，则更要慎重决策。

（4）设计变更需说明变更产生的背景，包括变更产生的提议单位、主要参与人员和时间、变更产生的原因、对其他专业的影响以及因设计变更增减的工程造价等，并应严格按审批程序办理。

九、工程变更的防范

（1）把好图纸设计关。工程项目开工前，要科学统筹安排好各方面的工作，按建设程序严格执行。图纸设计是控制工程变更、设计修改的第一关。首先，通过对工程的多个设计招标方案的比较，取优弃劣，使工程的设计更具科学性、完整性、适用性、经济性。其次，在初步确定设计图后，应通过专家会审、各方共审，对图纸不合理或错误之处及时进行纠正，尽量避免在施工中进行设计或修改。最后，非紧急情况，要杜绝边报批、边设计、边施工的“三边”工程。在项目未批准、图纸未审定、环保手续未办理之前，政府相关部门要坚决禁止工程项目施工。

（2）规范工程的招投标和合同签订。设计图一经确定，工程招标就应严格按审定的设计图进行招标，而不应在招标时对设计图的内容进行过多的变更、修改，增加不确定因素。施工方中标后，签订合同中的条款应和招标文件规定一致，而不应签订与招标文件规定不一致甚至相矛盾的条款。相关部门应加强对合同的审查和管理。

（3）加强工程项目建设中的管理。建设方要派出懂技术、负责任的监理，加强对工程的造价管理，对施工方提出的工程变更、设计修改要进行综合的科学分析，对施工方擅自进行的工程变更、设计修改要及时、坚决地制止和纠正，明确所发生的费用和造成的损失由过错责任方负责。

（4）加强对工程变更、设计修改的审批程序管理。对确实需要进行工程变更、设计修改的，必须经由设计单位、建设单位和监理等有关人员进行周密的技术论证和经济可行性论证，特别大的变动还须报原审批项目的政府有关部门批准。不能凭借某个人的意志而随意进行变更和设计修改。

（5）建立和健全项目法人责任制与责任追究制，明确工程项目建设各方的责任和各类人员的职责。既要支持和鼓励工程人员积极负责，又要防止领导者不当的直接技术干预。

（6）加强工程项目评审与审计监督。工程评审的目的是通过工程造价评审来发现投资管理上存在的薄弱环节，促使工程投标管理不断完善，提高资金使用效益。因此，要把工程造价的控制和管理当作一项系统工程去进行全过程、全方位的系统管理。强化对从业人员反商业贿赂的教育，加强反腐机制建设。

第三节 工程变更价款

一、工程变更价款的类型

（1）招标采用的设计文件不够详尽，导致工程量计算有误差。主要表现在建筑与结构互相矛盾，分项工程的施工方法与现行规范相矛盾，标底、标函编制人员凭着自己的理解进行工程量计算，最后的计算结果可能双方都对或双方都错，也有可能一方对一方错，项目实施过程中必然会发生设计变更，以任何一方的工程量作为变更价款的依据都显得不尽合理。

（2）招标文件、招标说明本身不够严密，导致标底、标函互有出入。主要表现在发包范围表述不明、甲供材料及特种材料处理的规定不清晰。如工程实施过程中，业主对这些部位进行了调整，确定此类变更价款需要调整原招标内容，此时发现有不同的工作内容、不同的材料价格，而且有时出入较大，从而引发纠纷。

（3）招标时采用综合定额作为主要的计价依据，分项工程变更调整以单项定额

或者综合定额为依据。目前，全国绝大部分省、市除了在全国统一的工程量计算规则的基础上编制了具有省、市特色的单位估价表外，还为了工作方便测定了综合定额。但按照单位估价表和综合定额分别计算出的造价却不一致，如某大型工程增加了天棚吊顶，从而减少了混凝土板底粉刷，减少的粉刷工程量既可采用综合定额进行分析，也可采用单项定额进行计算，但二者结果有很大差距。

（4）招标文件规定了不符合政策规定的取费标准，导致施工利润低微，承包单位要求调整不合理的规定。有时业主出于种种原因，在招标文件中明确规定不计取政策规定允许计取的风险费、包干费等各项费用。施工过程中遇到材料价格猛涨等特殊原因，承包单位要求调整这些不合理规定，而业主却以招标文件为依据不给予调整，导致双方产生分歧。

（5）工程实施过程中变更的产生有设计变更、业主指令、现场签证等，而这些变更时有重复、错误、矛盾的现象发生，这也导致承包单位工程变更价款，而审核后工程变更价款为负的现象时有发生。

二、工程变更单价的组成

工程变更价款确定的核心是工程变更单价的确定。工程变更单价是指完成一个规定计量单位变更项目的单位成本超过 1%。工程变更单价由以下几项组成：

（1）人工费，是指实施单位变更项目所需消耗的人工工日乘以合同规定的人工单价。

（2）材料费，是指实施单位变更项目所需消耗的材料、构件和半成品实际消耗量加上一定的损耗乘以材料单价。

（3）机械使用费，是指实施单位变更项目所需消耗的机械台班消耗乘以机械台班单价。

（4）管理费及利润，以人工费与机械费之和作为计算基础，对于建筑工程按工程类别不同确定管理费率及利润率。

三、工程变更价款的确定方法

1. 已标价工程量清单项目或其工程数量发生变化的调整办法

《建设工程工程量清单计价规范》（GB 50500—2013）规定，工程变更引起已标价工程量清单项目或其工程数量发生变化，应按照下列规定调整：

（1）已标价工程量清单中有适用于变更工程项目的，采用该项目的单价；但当工程变更导致该清单项目的工程数量发生变化，且工程量偏差超过 15%时，此时，该项目单价调整原则如下：当工程量增加 15%以上时，其增加部分的工程量的综合单价应予调低；当工程量减少 15%以上时，减少后剩余部分的工程量的综合单价应予调高。

（2）已标价工程量清单中没有适用，但有类似于变更工程项目的，可在合理范围内参照类似项目的单价。

（3）已标价工程量清单中没有适用也没有类似于变更工程项目的，由承包人根据变更工程资料、计量规则和计价办法、工程造价管理机构发布的信息价格和承包人报价浮动率提出变更工程项目的单价，报发包人确认后调整。承包人报价浮动率可按下列公式计算：

① 招标工程

承包人报价浮动率 L=（1-中标价/招标控制价）×100%

② 非招标工程

承包人报价浮动率 L=（1-报价值/施工图预算）×100%

（4）已标价工程量清单中没有适用也没有类似于变更工程项目，且工程造价管理机构发布的信息价格缺价的，由承包人根据变更工程资料、计量规则、计价办法和通过市场调查等取得有合法依据的市场价格提出变更工程项目的单价，报发包人确认后调整。

2. 措施项目费的调整

工程变更引起施工方案改变，并使措施项目发生变化的，承包人提出调整措施项目费的，应事先将拟实施的方案提交发包人确认，并应详细说明与原方案措施项目相比的变化情况。拟实施的方案经发承包双方确认后执行，并应按照下列规定调整措施项目费：

（1）安全文明施工费，应按照实际发生变化的措施项目调整，不得浮动。

（2）采用单价计算的措施项目费，应按照实际发生变化的措施项目按前述已标价工程量清单项目的规定确定单价。

（3）按总价（或系数）计算的措施项目费，按照实际发生变化的措施项目调整，但应考虑承包人报价浮动因素，即调整金额按照实际调整金额乘以相应的承包人报价浮动率计算。

若承包人未事先将拟实施的方案提交给发包人确认，则视为工程变更不引起措施项目费的调整或承包人放弃调整措施项目费的权利。

3. 工程变更价款调整方法的应用

（1）直接采用适用的项目单价的前提是采用的材料、施工工艺和方法相同，也不因此增加关键线路上工程的施工时间。例如，某工程在施工过程中，由于设计变更，新增加轻质隔墙材料 1200 m^2，已标价工程量清单中有此轻质材料隔墙项目综合单价，且新增部分工程量在15%以内，则直接采用该项目综合单价。

（2）参照类似项目综合单价的前提是采用的材料、施工工艺和方法基本类似，

不增加关键线路上工程的施工时间，可仅就其变更后的差异部分，参考类似项目单价由承发包双方协商新的项目单价。例如，某工程现浇混凝土为C25，施工过程中设计调整为C30，此时，可仅将C30混凝土的价格替换为C25混凝土的价格，其余不变，组成新的综合单价。

（3）无法找到适用和类似的项目单价时，应采用招投标时的基础资料和工程造价管理机构发布的信息价格，按成本加利润的原则由发承包双方协商新的综合单价。

四、工程变更价款的控制与管理

（一）工程变更价款的控制

（1）合理确定建设项目各阶段的工程造价控制目标，全过程、全方位控制工程造价，是严格按照基建程序办事的要求。也就是说，在项目可行性研究阶段做好投资估算控制，在初步设计阶段做好概算控制，在施工图设计阶段做好施工图预算控制，在施工阶段做好工程量清单编制，在竣工阶段做好工程结算控制。只有严格按照基建程序办事，才能保证各阶段工程造价控制目标的合理确定，减少工程项目变更，节约工程投资，提高经济效益。

（2）建设项目各阶段的工程造价控制原则：前者控制后者，后者修正前者，共同组成工程项目造价目标控制系统。各阶段造价控制目标的确定要本着实事求是的原则，认真按照规定编制，充分考虑市场因素，使它既有先进性、权威性，又有实现的可能性。

（3）要合理确定工程造价，使其既能激发执行者的进取心，又能充分发挥执行者的主观能动性。

（二）工程变更价款的管理

工程变更价款管理的实质就是索赔的管理，它不能仅理解为施工单位在原施工合同承包价的基础上增减合同价款，还包括施工单位的索赔和业主的反索赔。费用、工期和质量三者是相互联系、相互制约的。任何一方的变化都将影响其他两方面，因而管理必须在技术的层面上和法律的层面上都要给予足够的重视。

1. 从技术方面加强工程项目的管理工作

（1）要在设计质量上严格把关，大力推行设计监理制度，尽可能地降低设计变更的数量。

（2）在项目发包阶段，要由造价中介机构编制工程量清单，减少与施工图纸不符造成的工程价款的变更。

（3）在施工合同履行阶段，按照国家公布的施工合同示范文本进行合同管理，也可以采用国际通行的FIDIC（国际咨询工程师联合会）条款签订和管理合同。

2. 从法律的角度进行工程变更价款的管理

（1）业主应该在认真履行合同的基础上，明确发布工程变更指令后将要承担的权利义务和法律责任后，再慎重决定工程变更。

（2）业主要“重合同、守信用”，在工程变更之后，及时满足承包商提出的合理合法的索赔要求。同时，业主也应做好施工记录，积极进行反索赔工作。

总之，应采取积极的态度，有预见性、全方位地加强管理，在工程建设项目的各个阶段，严格控制工程造价，减少工程变更，发现问题时及早提出解决方案，使工程总造价控制在计划投资的范围内。

五、工程变更价款改善措施

（1）提高设计人员的经济意识，提高设计文件的质量。目前，多数设计人员“重技术、轻经济”，业主因为工程造价高于预期的工程造价而大幅度地调整施工图的现象时有发生。这可以通过限制合理造价委托设计，加强施工图概算来解决。此外，还可通过召开图纸答疑会、设计单位内部自审等途径，尽量减少图纸不明确之处，在招标工作开展之前消除图纸互相矛盾的地方，为工程的招投标、施工打下良好的技术基础。

（2）认真对待招标文件的法律地位，提高招标文件的质量。招标文件作为约束双方行为的纲领性文件，具有其特殊的法律地位，招标单位绝不可以为“招标”而招标或简单认为“我是业主，谁都得听我的”，把一些不合法的规定强加给施工单位。编制招标文件时应从工程质量、工期、造价、发包范围、材料供应等多方面作出严密而符合国家规定的说明，特别是发包范围，如水暖与通风空调、人防工程与上部工程、主楼与裙楼的界限。若有特种材料，则可采用暂定价格或由投标单位进行市场询价的方法。

（3）依据企业定额，企业自主报价，市场形成价格。工程量清单可由招标方（或具有编制工程量清单能力的咨询机构）编制，工程量清单作为招标文件的一部分，其主要功能是全面地列出所有可能影响工程造价的项目，并对每个项目的性质给予描述和说明，以便所有承包单位在统一的工程数量的基础上作出各自的报价，经承包单位填列单价并为业主所接纳的工程量清单，作为合同文件的一部分。由此，造价工程师确定变更工程量时就无须查阅标底、标函等资料，仅凭设计变更、工程量清单也可轻松计算出各分项工程量的增减，也可避开综合定额“含量”引起的不必要纠纷。

（4）采用以分项工程为计量单位的单价合同。建设工程施工合同可采用总价合同、单价合同、成本加酬金合同，其中单价合同的适用范围较宽，能合理分摊风险，可鼓励施工单位通过加强管理、提高工效等手段赚取利润。综合工程单价可由施工

单位根据构成实体的人工、材料、机械台班消耗量和市场人工、材料、机械台班价格得出成本，管理费、利润等各项费用均由承包单位根据自身实际情况确定，特殊材料可由招标文件明确暂定价格或由施工单位进行市场询价。变更价款进行可由工程量乘以承包单位的单价确定，这样可使变更价款的确定变得更轻松。

（5）明确工程变更的管理体制。在项目实施过程中，可由业主委托监理工程师统一管理工程变更，这可使工程变更符合实际情况，管理科学、有序，杜绝多头管理的情况发生。

（6）加快工程招标管理系统和工程信息网络的开发、建设。工程招标管理系统包括市场信息管理、招标投标管理、工程造价管理等模块，各有关单位均可通过招标投标管理模块进行网上招标投标，通过工程造价管理模块完善工程量清单、标底、标函，发生工程变更时可将变更资料输入电脑，由电脑完成简单计算。这样可实现各方异地办公，高效完成变更价款的确定。

（7）优选变更方案。变更方案的不同影响着项目目标的实现，一个好的变更方案有利于项目目标的实现，而一个不好的变更方案则会对项目产生不良影响。这就存在项目变更方案的优选问题。大多数项目的工程变更缺乏对其技术、经济、工期、安全、质量和工艺性等诸多因素的综合评审，没能对工程变更方案进行有效的价值分析和多方案比选，使得一些没有意义的工程变更得以发生，或者是工程变更方案并非最优方案，造成不必要的费用和工期损失。因此，应加强对建设项目变更方案技术经济评价，最终选择最优变更方案，力求在不影响功能或者提升一定功能的前提下，以合理的费用、工期、质量以及工艺性能实现对原方案的变更。

（8）合理确定工程变更费用。承包人在工程变更确定后 14 天内，提出变更价款的报告，经工程师确认后调整合同价款。变更合同价款按下列方法进行：合同中已有用于变更工程的价格，按合同已有的价格变更合同价款；合同中只有类似于变更工程的价格，可以参照类似价格变更合同价款；合同中没有适用或类似于变更工程的价格，由承包人提出适当价格，经监理工程师确认后执行。

除按以上示范文本规定执行外，还要从三个方面控制市政工程变更费用：一是控制项目规模和数量；二是准确计量工程量；三是严格控制工程单价。

确定工程变更单价时，首先要熟悉变更单价的基本定价方法，准确确定变更类别，分析该变更属于何种情况以及承包商报价是否符合相关要求，再进行具体审核。其次要熟悉施工合同、招投标文件，深入一线了解施工现场情况，弄清引起变更的原因，分清变更责任主体，熟悉投标单价组成，为审核单价打下坚实的基础。再其次要了解材料市场价格，合理取定价格，建立完整的设备、材料价格库，掌握不断变化的市场价格，并做到及时跟踪、动态分析。最后要正确套用部委和省市级颁布的定额，合理确定单价的变化幅度，根据投标报价中确定的人工、材料、机械台班单价、定额消耗量以及主管部门颁布的取费费率，计算出一个具有可比性的预算单价，再把这个预算单价与投标报价相比，求出其变化幅度，确定出合理的单价。对每个建设项目都要建立一套科学的定价原则，只有做到有依据，才能使工程造价得到控制。

（9）做好收集整理信息资料的工作。在工程变更控制中拥有充分的信息、掌握第一手翔实资料，是确定合理工程变更费用的前提条件，这就需要做好收集、整理信息资料工作。同时，工程变更资料还要妥善保存，以利于以后的工程变更。工程变更资料是工程资料的重要组成部分，是编制竣工图及工程决算的依据。如果建设单位管理不善，造成工程变更资料丢失，就不能保证工程资料的完整性和原始性，给日后工程的管理和维修带来不便。因此，要派专人做好对工程变更资料的分类、编码及存档工作，以保证竣工图的原始性和完整性。

（10）及时准确发布工程变更信息。项目变更最终要通过工程项目各方人员共同实现。项目变更方案一旦确定以后，应及时将变更的信息和方案公之于众，使项目各主体掌握和领会变更方案，以调整自己的工作方案，朝着新的方向去努力。而且，变更方案实施以后，还应通报实施效果。

第四节　现场签证

一、现场签证简介

现场签证是指发承包双方现场代表（或其委托人）就施工过程中涉及的责任事件所作的签认证明。

现场签证是从合同价到结算价、全过程索赔中形成的重要文件。但在工程合同国内示范文本及国际标准合同中，却没有提及现场签证。

现场签证起源于我国计划体制定额预算环境，是发承包双方确认工程相关事项的证明文件。签证并不一定是补充协议。狭义的签证才是补充协议。狭义签证，是指在施工及结算过程中，发包人与承包人根据合同约定就价款增减、费用支付、损失赔偿、工期顺延等事宜达成的补充协议。但该签证概念与工程合同脱节，为此，笔者提出广义签证概念。广义签证，是指在施工过程中工程师依合同约定核定承包人提出的工程事项申请或者发出工程指令的单方法律行为。

现场签证的主体很多，依据其授权情况不同，现场签证可分为有权签证和无权签证。

二、现场签证的效力

现场签证视情况可具有三方面的效力：① 证明效力。作为确定工程相关情况的依据，除了有相反证据足以推翻的之外，发承包双方均不得反悔。② 结论性约束力。承发包双方应该遵守和履行该签证，不具根本违约情形，不得擅自推翻。③ 非结论性约束力。发承包双方一般应该遵守并履行该签证，但即使不具根本违约情形，也可依一定程序推翻。

三、现场签证的法律特点

（1）现场签证是双方协商一致的结果，是双方法律行为的体现。工程合同履行的可变更性决定了合同双方必须对变更后的权利义务关系重新确认并达成一致意见。几乎所有的工程承包合同都对变更及如何达成一致意见作了规定。

（2）现场签证涉及的利益已经确定，可直接作为工程结算的凭据。在工程结算时，凡已获得双方确认的签证，均可直接在工程形象进度中间结算或工程最终造价结算中作为计算工程价款的依据。如若进行工程审价，审价部门对签证单不另作审查。若对签证认可的款项拖欠不付引起诉讼的，该诉讼的性质属于权属确定的返还之诉。

（3）现场签证是施工过程中的例行工作，一般不依赖于证据。工程施工过程往往会发生不同于原设计、原计划安排的变化，如设计变更、进度加快、标准提高、施工条件和材料价格等变化，从而影响工期和造价。工程施工过程中不发生任何变化是不现实的。因这些变化而对原合同进行相应调整，这是常理之中的例行工作。

四、现场签证的内容

现场签证的范围、由谁签字、通过什么程序，这些问题都应当在工程承发包合同中加以明确。2017 年，住房城乡建设部（现住房和城乡建设部）、国家工商行政管理总局制定的《建设工程施工合同示范文本》中，有关制定签证的规定散见于各个具体的条款中。例如，第 5 条“甲方代表”中规定：甲方代表的指令、通知由其本人签字后，以书面形式交给乙方代表，乙方代表在回执上签署姓名和收到时间后生效。第 6 条“乙方驻工地代表”中规定：乙方的要求、请求和通知，以书面形式由乙方代表签字后送交甲方代表，甲方代表在回执上签署姓名和收到时间后生效。这两条可以说是对现场签证的总体规定。

现场签证是对施工过程中遇到的某些特殊情况实施的书面依据，由此发生的价款也成为工程造价的组成部分。由于现代工程的规模和投资都较大，技术含量高，建设周期长，设备材料价格变化快，工程合同不可能对未来整个施工期可能出现的情况都作出预见和约定，工程预算也不可能对整个施工期发生的费用作详尽的预测，而且在实际施工中，主客观条件的变化又会给整个施工过程带来许多不确定的因素。因此，在整个项目实施过程中，都会发生现场签证，并且最终以价款的形式体现在工程结算中。

五、现场签证的构成

现场签证是双方协商一致的结果，是双方法律行为的体现。现场签证涉及的利益现场确定或者在履行后确定，可直接或者与签证对应的履行资料一起作为工程进度款支付与工程结算的凭据。其构成要件如下：

（1）现场签证主体必须为施工单位与建设单位双方当事人，只有一方当事人签字的不是签证，签证是一种互证。

（2）双方当事人必须对行使现场签证权力的人员进行必要的授权，无授权的人员签署的签证单往往不能发生签证的法律效力。如果工程承包合同授权监理工程师有签证权，那么一个建设单位的代表签证反而不产生法律效力。

（3）现场签证的内容必须涉及工期顺延和（或）费用的变化等内容。例如，施工单位承诺让利的范围内事项（同样可能有所谓“签证”）是不能计价的。因施工单位失误引起的返工或增加的补救内容（同样有所谓验收“签证”），这些都是不能给予经济结算的，不是真正意义上的签证。

（4）现场签证双方必须就涉及工期顺延和（或）费用的变化等内容协商一致，通常表述为双方一致同意、建设单位同意、建设单位批准等等。

六、现场签证的一般分类

从不同的角度，可以将现场签证分为不同的类别。

（1）按项目控制目标来分，施工过程中发生的现场签证主要有三类：工期签证、费用签证、工期+费用签证，其中工程工期（进度）签证是指在工程实施过程中因主要分部分项工程的实际施工进度、工程主要材料、设备进退场时间及建设单位原因造成的延期开工、暂停开工、工期延误的签证。在建筑工程结算中，同一工程在不同时期完成的工作量，其材料价差和人工费的调整等不同。不少工程因没有办理工程工期（进度）签证或没有如实办理而在结算时发生双方扯皮的情况。

（2）按签证的表现形式来分，施工过程中发生的现场签证主要有三类：设计修改变更通知单、现场经济签证和工程联系单。这三类签证的内容、主体（出具人）和客体（使用人）都不一样，它们所起的作用和目的也不一样，在结算时的重要程度（可信度）更不一样。一般不允许直接签出金额，因为金额是由他们或监理工程师或造价工程师按照签证或洽商计算得来的。

七、现场签证的范围

现场签证的范围一般包括以下几个方面：

（1）适用于施工合同范围以外零星工程的确认。

（2）在工程施工过程中发生变更后需要现场确认的工程量。

（3）非承包人原因导致的人工、设备窝工及有关损失。

（4）符合施工合同规定的非承包人原因引起的工程量或费用增减。

（5）确认修改施工方案引起的工程量或费用增减。

（6）工程变更导致的工程施工措施费增减等。

八、现场签证的程序

承包人应发包人要求完成合同以外的零星工作或非承包人责任事件发生时，承包人应按合同约定及时向发包人提出现场签证。当合同对现场签证未作具体约定时，按照《建设工程价款结算暂行办法》的规定处理。

（1）承包人应在接受发包人要求的 7 天内向发包人提出签证，发包人签证后施工。若没有相应的计日工单价，签证中还应包括用工数量和单价，机械台班数量和单价，使用材料品种、数量和单价等。若发包人未签证同意，承包人施工后发生争议的，责任由承包人自负。

（2）发包人应在收到承包人的签证报告 48 小时内给予确认或提出修改意见，否则视为该签证报告已经被发包人认可。

（3）发承包双方确认的现场签证费用与工程进度款同期支付。

九、现场签证费用的计算

现场签证费用的计价方式有两种，第一种是完成合同以外的零星工作，按计日工作单价计算。此时提交现场签证费用申请时，应包括下列证明材料：

（1）工作名称、内容和数量。

（2）投入该工作所有人员的姓名、工种、级别和耗用工时。

（3）投入该工作的材料类别和数量。

（4）投入该工作的施工设备的型号、台数和耗用台时。

（5）监理工程师要求提交的其他资料和凭证。

第二种是完成其他非承包人责任引起的事件，应按合同中的约定计算。

现场签证的种类繁多，发承包双方在工程施工过程中的来往信函、就施工过程中涉及的责任事件所作的签认证明均可称为现场签证，但并不是所有的签证均可马上算出价款，有的需要经过索赔程序，这时的签证仅是索赔的依据，有的签证可能根本不涉及价款。考虑到招标时招标人对计日工项目的预估难免会有遗漏，造成实际施工发生后，无相应的计日工单价的，现场签证只能包括单价一并处理。因此，在汇总时，有计日工单价的，可归并于计日工；如无计日工单价的，归并于现场签证，以示区别。当然，现场签证全部汇总于计日工也是一种可行的处理方式。

十、现场签证的要求

（1）现场签证必须具备建设单位驻工地代表（2 人以上）和施工单位驻工地代表双方签字，对于签证价款较大或大宗材料单价，应加盖公章。双方工地代表均为合同委派或书面委派。

（2）凡预算定额或间接费定额、有关文件有规定的项目，不得另行签证。若把握不了，可向工程造价中介机构咨询，或委托其参与解决。

（3）现场签证的内容、数量、项目、原因、部位、日期等要明确，价款的结算方式、单价的确定应商定明确。

（4）现场签证要及时签办，不应拖延过后补签。对于一些重大的现场变化还应及时拍照或录像，以保存第一手原始资料。

（5）现场签证要一式多份，各方至少保存 1 份原件（最好按档案要求的份数保存），避免自行修改，结算时无对证。

（6）现场签证应编号归档。在送审时，统一由送审单位加盖“送审资料”章，以证明此签证单是由送审单位提交给审核单位的，避免在审核过程中，各方根据自己的需要自行补交签证单。

十一、现场签证的原则

现场签证应当准确，避免失真、失实。在审核工程结算时，经常会发现现场签证不规范的现象，不该签的内容盲目签证，有些施工单位正是利用了建设单位管理人员不了解工程结算方面的知识来达到虚报、多报工程量而增加造价的目的。在工程建设过程中，设计图纸及施工图预算中没有包含而现场又实际发生的施工内容很多，对于由于这些因素所发生的费用，称为“现场签证”费用。在签证过程中要坚持以下原则。

（1）准确计算原则。工程量签证要尽可能做到详细，准确计算工程量，凡是可明确计算工程量套综合单价（或定额）的内容，一般只能签工程量而不能签人工日和机械台班数量。签证必须达到量化要求，工程签证单上的每一个字、每一个字母都必须清晰。

（2）实事求是原则。凡是无法套用综合单价（或定额）计算工程量的内容，可只签所发生的人工工日或机械台班数量，实际发生多少签多少，从严把握工程零工的签证数量。凡涉及现场的临时签证，施工单位必须以招投标文件、施工合同和补充协议为依据，研究合同的细枝末节，熟悉合同单价或当地定额及有关文件的详细内容，将在施工现场即将发生或已经发生，而在合同条款及定额文件中没有明确规

定的工作内容，及时以签证的形式与建设单位、监理工程师交换意见。在沟通过程中要实事求是，有理有据，以理服人，征得他们的同意。在办理签证的过程中，施工单位人员要对现场情况了如指掌，对施工做法、工作内容以及材料使用情况要实测实量，做到心中有数，防止因不了解情况而出现的假报和冒报。

（3）及时处理原则。不论是施工单位，还是建设单位均应抓紧时间及时处理现场签证费用，以免引起不必要的纠纷。施工单位对在工程施工过程中发生的有关现场签证费用要随时作出详细的记录并加以整理，即分门别类、尽量做到分部分项或以单位工程、单项工程分开；现场签证多的要进行编号，同时注明签署时间、施工单位名称并加盖公章。建设单位或监理公司的现场监理工程师要认真加以复核，办理签证应注明签字日期，若有改动的部分，应先加盖私章，然后由主管复审后签字，最后盖上公章。

（4）避免重复原则。在办理签证单时，必须注意签证单上的内容与设计图纸、定额中所包含的工作内容是否有重复，对重复项目内容不得再计算签证费用。管理人员首先要熟悉整个基建管理程序以及各项费用的划分原则，明确哪些属于现场签证的范围，哪些已经包含在施工图预算或设计变更预算中，不属于现场签证的范围。

（5）废料回收原则。因为现场签证中许多是障碍物拆除和措施性工程，所以凡是障碍物拆除和措施性工程中发生的材料或设备回收（不回收的需注明），应签明回收单位，并由回收单位出具证明。

（6）现场跟踪原则。为了加强管理，严格控制投资，对单张签证的权力限制和对累积签证价款的总量达到一定限额的限制都应在合同条款中予以明确。例如，凡是单张费用超过万元（具体额度标准由建设单位根据工程的大小确定）的签证，在费用发生前，施工单位应与现场监理工程师以及造价审核人员一同到现场查看并确认。

（7）授权适度原则。分清签证权限，加强签证的管理，签证必须由谁来签认、什么样的形式才有效等事项必须在施工合同中予以明确。

需要注意的是，设计变更与现场签证是有严格的划分的。属于设计变更范畴的应该由设计部门下发通知单，所发生的费用按设计变更处理，不能由于设计部门怕设计变更数量超过考核指标或者怕麻烦，而把应该发生设计变更的内容变为现场签证。

另外，工程开工前的施工现场“三通一平”、工程完工后的余土外运等费用，严格来说，不属于现场签证的范畴，只是由于某些建设单位管理方法和习惯的不同而人为地将其划入现场签证的范围内。

此外，在工程实践中，工程签证的形式还可能有会议纪要、经济签证单、费用签证单、工期签证单等形式。其意义在于施工单位可以通过不同的表现形式实现签证，建设单位需要注意不要被不同的签证表现形式所迷惑而导致过失签证。

材料价格签证应根据工程进度签署，为按进度分楼层调整材料价差做准备。

十二、综合单价签证

1. 单价的使用原则

一般地，在工程设计变更和工程外项目确定后 7 天内，设计变更、签证涉及工程价款增加的，由施工单位向建设单位提出；涉及工程价款减少的，由建设单位向施工单位提出，经对方确认后调整合同价款。变更合同价款按下列方法进行：

（1）当投标报价中已有适用于调整的工程量的单价时，按投标报价中已有的单价确定。

（2）当投标报价中只有类似于调整的工程量的单价时，可参照该单价确定。

（3）当投标报价中没有适用和类似于调整的工程量的单价时，由施工单位提出适当的变更价格，经与建设单位或其委托的代理人（建设单位代表、监理工程师）协商确定单价；协商不成，报工程造价管理机构审核确定。

2. 单价的报审程序

（1）换算项目。在工程实施中，难免出现材料调整，如面砖的规格调整，在定额计价模式下，只进行子项变更或换算即可，但在清单模式下，特别是固定单价合同，单价的换算必须经过报批。一般地，每个单价分析明细表中费用的费率都必须与投标时所承诺的费率一致；换算后的材料消耗量必须与投标时的一致，换算前的材料单价应在“备注”栏中注明；换算项目单位分析表必须先经过监理和建设单位造价部审批后，再按顺序编号附到结算书中。

（2）类似项目。当原投标报价中没有适用于变更项目的单价时，可借用类似项目单价，但同样需要进行报批。一般地，每个单价分析明细表中费用的费率都必须与投标时类似清单项目的费率一致；原清单编号为投标时相类似的清单项目；类似项目单价分析表必须先经过监理和建设单位造价部审批后，再按顺序编号附到结算书中。

（3）未列项目。当原投标报价中没有适用或类似项目单价时，施工单位必须提出相应的单价报审，即相当于重新报价。一般地，每个单价分析明细表中费用的费率都必须与投标时所承诺的费率一致；为防止施工单位借机胡乱报价，双方应事前在招投标阶段协商确定“未列项目（清单外项目）取费标准”或参考某定额、费用定额计价。未列项目单价分析表中的取费标准按投标文件表中的“未列项目（清单外项目）收费明细表”执行；参照定额如根据定额要求含量需要调整的，应在备注中注明调整计算式或说明计算式附后；未列项目单价分析表必须先经过监理和建设单位造价部审批后，再按顺序编号附到结算书中。

第六章

工程结算和竣工决算管理

第一节 工程结算的基本知识

一、工程结算的概念

工程结算是指施工单位按照承包合同和已完工程量向建设单位办理工程价清算等的经济文件。在工程项目的生命周期中，施工图预算或工程合同价是在开工之前编制或确定的。但是，在施工过程中，工程地质条件的变化、设计考虑不周或设计意图的改变、材料的代换、工程量的增减、施工图的设计变更、施工现场发生的各种签证等多种因素，都会使原施工图预算或工程合同确定的工程造价发生变化，为了如实地反映竣工工程的实际造价，在工程项目竣工后，应及时编制竣工结算。

二、工程结算的作用

对于建设单位和施工单位，工程结算是一项十分重要的工作，主要表现在以下几个方面：

（1）工程结算是施工单位与建设单位结算工程价款的依据，是反映工程进度的主要指标。在施工过程中，工程结算的依据之一就是按照已完的工程进行结算，根据累计已结算的工程价款占合同总价款的比例，能够近似反映出工程的进度情况。

（2）工程结算是核定施工企业生产成果、考核工程实际成本的依据，也是加速资金周转的重要环节。施工单位应尽快尽早地结算工程款，有利于偿还债务和资金回笼，降低内部运营成本。施工单位可通过加速资金周转，提高资金的使用效率。对于施工单位来说，只有工程款如数地结清，才意味着避免了经营风险，施工单位也才能够获得相应的利润，进而获取良好的经济效益。

（3）工程结算是建设单位编制竣工决算、确定固定资产投资额度的重要依据之一。

（4）工程结算是建设单位、设计单位及施工单位进行技术经济分析和总结工作，以便不断提高设计水平与施工管理水平的依据。

（5）工程结算工作的完成，标志着施工单位和建设单位双方权利和义务的结束，即双方合同关系的解除。

三、工程结算的方式

根据施工合同的约定，工程结算的方式主要有以下几种：

（1）按月结算：即实行旬末或月中预支，月中结算，竣工后清算的办法。跨年度竣工的工程，在年终进行工程盘点，办理年度结算。

（2）竣工后一次结算：即建设项目或单位工程全部建筑安装工程建设期在 12 个月以内，或者工程承包合同价值在 100 万元以下的，可实行工程价款每月月中预支，竣工后一次结算。

（3）分段结算：即当年开工，当年不能竣工的单项工程或单位工程，按照工程形象进度划分不同阶段进行结算。分段结算可以按月预支工程款。

（4）承发包双方约定的其他结算方式。

四、工程结算的原则

（1）具备结算条件的项目才能编制竣工结算。首先，结算的工程项目必须是已经完成的项目，未完成的工程不能办理竣工结算。其次，结算的项目必须是质量合格的项目，也就是说并不是对承包商已完成的工程全部支付，而是支付其中质量合格的部分，对于工程质量不合格的部分应返工，待质量合格后才能结算，返工消耗的工程费用不能列入工程结算。

（2）应实事求是地确定竣工结算。工程竣工结算一般是在施工图预算或工程合同价的基础上，根据施工中所发生更改变动的实际情况，通过调整、修改预算或合同价进行编制的。所以，在工程结算中要坚持实事求是的原则，施工中发生并经有关人员签认的变更，才可以计算变更的费用，该调增的调增，该调减的调减。

（3）严格遵守国家和地区的各项有关规定，严格履行合同条款。工程竣工结算要符合国家或地区的法律、法规及定额、费用的要求，严格禁止在竣工结算中弄虚作假。

五、竣工结算与竣工决算的联系和区别

1. 竣工决算的概念

竣工决算是由建设单位编制的反映项目实际造价和投资效果的文件。竣工决算是建设工程经济效益的全面反映，是项目法人核定建设工程各类新增资产价值、办

理建设项目交付使用的依据。竣工决算对建设单位而言具有重要作用，具体表现在以下几个方面：

（1）总结性，即竣工决算能够准确反映建设工程的实际造价和投资结果，便于业主掌握工程投资金额。

（2）指导性，即通过对竣工决算与概算、预算的对比分析，可考核投资控制的工作成效，总结经验教训，积累技术经济方面的基础资料，提高未来建设工程的投资效益。另外，竣工决算还是业主核定各类新增资产价值和办理其交付使用的依据。

2. 竣工决算和竣工结算的联系

（1）两者都是在工程完工后进行，必须以工程完工为前提条件。

（2）工程结算是工程决算的组成部分；工程结算是工程决算的基础；工程结算应按照决算的要求，在相关内容上与决算保持一致。

3. 竣工决算与竣工结算的区别

竣工决算不同于竣工结算，区别在以下几个方面：

（1）编制单位不同。竣工决算由建设单位的财务部门负责编制；竣工结算由施工单位的预算部门负责编制。

（2）反映的内容不同。竣工决算是建设项目从筹建开始到竣工交付使用为止所发生的全部建设费用；竣工结算是承包方承包施工的建筑安装工程的全部费用。

（3）性质不同。竣工决算反映建设单位工程的投资效益；竣工结算反映施工单位完成的施工产值。

（4）作用不同。竣工决算是业主办理交付、验收各类新增资产的依据，是竣工报告的重要组成部分；竣工结算是施工单位与业主办理工程价款结算的依据，是编制竣工决算的重要资料。

第二节　工程结算的程序

一、预付款

1. 预付款的概念

预付款是在开工前，发包人按照合同约定，预先支付给承包人用于购买合同工程施工所需的材料、工程设备，以及组织施工机械和人员进场等的款项。它是施工准备所需流动资金的主要来源，预付款必须专用于合同工程，国内习惯上又称为预付备料款。预付款的额度和预付办法在专用合同条款中约定。

发承包双方应在合同中约定预付款数额，可以是绝对数，如 50 万元、100 万元；也可以是额度，如合同金额的 10%、15%等。预付款额度一般是根据施工工期、建安工作量、主要材料和构件费用所占建安工程费的比例以及材料储备周期等因素经测算来确定。根据《建筑工程施工发包与承包计价管理办法》（中华人民共和国建设部令第16号）第十五条规定：发承包双方应当根据国务院住房城乡建设主管部门和省、自治区、直辖市人民政府住房城乡建设主管部门的规定，结合工程款、建设工期等情况在合同中约定预付工程款的具体事宜。

2. 预付款支付

（1）预付款的支付方法。

① 百分比法。发包人根据工程特点、工期长短、市场行情、供求规律等因素，招标时在合同条件中约定工程预付款的百分比。包工包料的预付款的支付比例不得低于签约合同价（扣除暂列金额）的10%，不宜高于签约合同价（扣除暂列金额）的30%。

② 公式计算法。公式计算法是根据主要材料（含结构件等）占年度承包工程总价的比重、材料储备定额天数和年度施工天数等因素，通过公式计算预付款额度的一种方法。其计算公式为：

$$\text{工程预付款数额}=\frac{\text{年度工程总价}\times\text{材料比例}}{\text{年度施工天数}}\times\text{材料储备定额天数}$$

式中，年度施工天数按365天日历天计算；材料储备定额天数由当地材料供应的在途天数、加工天数、整理天数、供应间隔天数、保险天数等因素决定。

【例】 某办公楼工程，年度计划完成的建筑安装工作量为600万元，年度施工天数为350天，材料费占造价的比重为60%，材料储备期为120天，试确定预付款数额。

$$\text{预付款数额}=\frac{600\times0.6}{350}\times120=123.43\text{（万元）}$$

（2）预付款的支付时间。

发承包双方应该在合同中约定预付款的支付时间，如合同签订后一个月支付、开工前7天支付等；约定抵扣方式，如在工程进度款中按比例抵扣；约定违约责任，如不按合同约定支付预付款的利息计算、违约责任等。

承包人在签订合同或向发包人提供与预付款等额的预付款保函后向发包人提交预付款支付申请。发包人应该在收到预付款支付申请的7天内进行核实，向承包人发出预付款支付证书，并在签发预付款支付证书后的7天内向承包人支付预付款。

3. 预付款担保

（1）预付款担保的概念及作用。预付款担保是指承包人与发包人签订合同后领取预付款前，为保证承包人正确、合理使用发包人支付的预付款而由承包人提供的担保。其主要作用是保证承包人能够按照合同规定的目的使用并及时偿还发包人已支付的全部预付款金额。如果承包人中途毁约，终止工程，使发包人不能在规定期

限内从应付工程款中扣除全部预付款，那么发包人有权从该项担保金额中获得补偿。

（2）预付款担保的形式。预付款担保的主要形式为银行保函。预付款担保的金额通常与发包人的预付款是等值的。预付款一般逐月从工程预付款中扣除，预付款担保的担保金额也相应逐月减少，但在预付款全部扣回之前保持有效。承包人在施工期间，应当定期从发包人处取得同意此保函减值的文件，并送银行确认。承包人还清全部预付款后，发包人应在预付款扣完后的 14 天内退还预付款保函，承包人将其退回银行并注销，解除担保责任。预付款担保也可以采用发承包双方约定的其他形式，如由担保公司提供担保或采取抵押等。

4. 预付款扣回

发包人支付给承包人的预付款属于预支性质，随着工程的逐步实施，原已支付的预付款应以充抵工程价款的方式陆续扣回，抵扣方式应由双方当事人在合同中明确约定。预付款抵回的方法主要有以下两种：

（1）按合同约定扣款。预付款的扣款方法由发包人和承包人通过洽商后在合同中予以确定，一般是承包人完成金额累计达到合同总价的一定比例后，由承包人开始向发包人还款，发包人从每次应付给承包人的金额中扣回预付款，额度由双方在合同中约定，发包人在合同约定的完工期前将预付款的总金额逐次扣回。

（2）起扣点计算法。从未施工工程尚需的主要材料及构件的价值相当于预付款数额时起扣，此后每次结算工程价款时，按材料所占比例扣减工程价款，至工程竣工前全部扣清。

5. 安全文明施工费

发包人应在工程开工后的 28 天内预付不低于当年施工进度计划的安全文明施工费总额的 60%，其余部分按照提前安排的原则进行分解，与进度款同期支付。具体额度和支付办法由当事人在合同中明确约定。

6. 预付款的手续

施工单位按照合同约定的时间填写“预付款支付申请（核准）表”，经监理人、发包人审核同意后，发包人向承包人按照合同约定的账户划拨预付款，包括预付的安全文明施工费。

7. 预付款的违约责任

发包人没有按合同约定按时支付预付款的，承包人可催发包人支付；发包人在预付款期满后的 7 天内仍未支付的，承包人可以在付款期满后的第 8 天起暂停施工，发包人应承担由此增加的费用和延误的工期，并应支付承包人合理利润。具体违约责任由当事人双方在合同中明确约定。

二、进度款

进度款是在工程施工过程中，发包人按照合同约定对付款周期内承包人完成的合同价款给予支付的款项，也是合同期中价款结算支付。发承包双方应按照合同约定的时间、程序和方法，根据工程计量结果办理期中价款结算，支付进度款。进度款的支付周期应与合同约定的工程计量周期一致，即工程计量是支付工程进度款的前提和依据。

（一）工程计量

1. 工程计量的概念

工程计量就是发承包双方根据合同约定，对承包人完成合同工程的数量进行的计算和确认。具体而言，就是双方根据设计图纸、技术规范以及施工合同约定的计量方式或计算方法，对承包人已经完成的质量合格的工程实体数量进行测量与计算，并以物理计量单位或自然计量单位进行表示、确认的过程。招标工程量清单中所列的数量，通常是根据设计图纸计算的数量，是对合同工程的估计工程量。工程施工过程中，通常会出现一些原因导致承包人完成的工程量与工程量清单中所列的工程量不一致，比如：招标工程量清单缺项、漏项或者项目特征描述与实际不符；现场条件的变化；现场签证；暂列金额的专业工程发包等。工程结算是以承包人实际完成的应予以计量的工程量为准的。因此，在工程合同价款结算前，必须对承包人履行合同义务所完成的实际工程量进行准确的计量。

2. 工程计量的原则

（1）不符合合同文件要求的工程不予计量。即工程必须满足设计图纸、技术规范等合同文件对其在工程质量上的要求，同时有关的工程质量验收资料齐全、手续完备，满足合同文件对其在工程管理上的要求。

（2）按合同文件所规定的方法、范围、内容和单位计量。工程计量的方法、范围、内容和单位受合同文件约束，其中工程量清单（说明）、技术规范、合同条款均从不同角度涉及这方面的内容。计量时要严格遵守相关文件的规定，并且一定要结合起来使用。

（3）因承包人的原因造成的超出合同工程范围的施工或返工的工程量，发包人不予计量。

3. 工程计量的范围与依据

（1）工程计量的范围：包括工程量清单及工程变更所修订的工程量清单的内容；合同文件中规定的各项支付项目费用，如费用索赔、各种预付款、价款调整、违约金等。

（2）工程计量的依据：包括工程量计算规范；工程量清单及说明；经审定的施工设计图纸及其说明；工程变更令及其修订的工程量清单；合同条件；技术规范；有关计量的补充协议；经审定的施工组织设计或施工方案；经审定的其他有关技术经济文件等。

4. 工程计量的方法

工程量必须按照相关工程现行国家计量规范规定的工程量计算规则进行计算。工程计量可以选择按月或按工程形象进度分段计量，具体计量周期在合同中约定。通常分单价合同和总价合同规定不同的计量方法，成本加酬金合同按单价合同的规定计量。

（1）单价合同的计量。单价合同工程量必须以承包人完成合同工程应予计量的工程量确定。施工中进行计量时，若发现招标工程量清单中出现缺项、工程量偏差或因工程变更引起工程量的增减，则应按承包人在履行合同义务中完成的工程量计算。具体方法如下：

① 承包人应按合同约定的计量周期和时间提出当期已完工程量报告。发包人应在收到报告的 7 天内核实，并将核实的计量结果通知承包人。发包人未在约定时间内进行核实的，承包人提交的计量报告中所列的工程量应视为承包人实际完成的工程量。

② 发包人认为需要现场计量核实时，应在计量前 24 小时通知承包人，承包人应为计量提供便利条件并派人参加。当双方均同意核实结果时，双方应在上述记录上签字确认。若承包人收到通知后不派人参加计量，则视为认可发包人的计量核实结果。若发包人不按约定时间通知承包人，致使承包人未能派人参加计量，则计量核实结果无效。

③ 当承包人认为发包人核实后的计量结果有误时，应在收到计量结果通知后的 7 天内向发包人提出书面意见，并应附上其认为正确的计量结果和详细的计算资料。发包人收到书面意见后，应在 7 天内对承包人的计量结果进行复核，并在复核后通知承包人。承包人对复核结果仍有异议的，应按照合同约定的争议解决办法处理。

④ 承包人完成已标价工程量清单中每个项目的工程量并经发包人核实无误后，发承包双方应对每个项目的历次计量报表进行汇总，以核实最终结算工程量。发承包双方应在汇总表上签字确认。

（2）总价合同的计量。采用工程量清单计价方式招标形成的总价合同，其工程量应按单价合同的计量规定计算。采用经审定批准的施工图及其预算方式发包形成的总价合同，除按照工程变更规定的工程量增减外，总价合同各项目的工程量应为承包人用于结算的最终工程量。总价合同约定的项目计量应以合同工程经审定批准的施工图为依据，发承包双方应在合同中约定工程计量的形象目标或时间节点以进行计量。

具体方法如下：

① 承包人应在合同约定的每个计量周期内对已完成的工程进行计量，并向发包人提交达到工程形象目标完成的工程量和有关计量资料的报告。

②发包人应在收到报告7天内对承包人提交的上述资料进行复核，以确定完成的工程量和工程形象目标。对其有异议的，应通知承包人进行共同复核。

（二）支付进度款

在工程计量的基础上，发承包双方应办理中间结算，支付进度款。

进度款的计算公式如下：

本周期应支付的合同价款（进度款）= 本周期完成的合同价款×支付比例-本周期应扣减的金额

1. 本周期完成的合同价款

（1）本周期已完单价项目价款。已标价工程量清单中的单价项目，承包人应按工程计量确认的工程量与综合单价计算；综合单价发生调整的，以发承包双方确认调整的综合单价计算。

（2）本周期应支付总价项目价款。已标价工程量清单中的总价项目和按照规范规定形成的总价合同，承包人应按照合同中约定的进度款支付分解，明确总价项目价款的支付时间和金额。具体可由承包人根据施工进度计划和总价构成、费用性质、计划发生时间和相应的工程量等因素，按计量周期进行分解，形成进度款支付分解表，在投标报价时提交，非招标工程在合同洽商时提交。

已标价工程量清单中的总价项目进度款支付分解的方法可选择以下方式之一（但不限于）：

① 将各个总价项目的总金额按合同约定的计量周期平均支付；

② 按照各个总价项目的总金额占单价项目总金额的百分比，以及各个计量支付周期内所完成的单价项目的总金额，以百分比方式均摊支付；

③ 按照各个总价项目组成的性质（如时间、与单价项目的关联性等）分解到形象进度计划或计量周期中，与单价项目一起支付。

按照计价规范规定形成的总价合同，除对由于工程变更形成的工程量增减予以调整外，其他工程量不予调整。因此，总价合同的进度款支付应按照计量周期进行支付分解，以便进度款有序支付。在施工过程中，由于进度计划的调整，发承包双方应对支付分解进行调整并在合同中约定调整方法。

（3）本周期已完成的计日工价款。例如，在施工过程中，承包人完成发包人提出的工程合同范围以外的零星项目或工作（计日工），承包人在收到指令后，按合同约定的时间向发包人提出并得到签证确认的价款。任一计日工项目实施结束后，承包人应按照确认的计日工现场签证报告核实该类项目的工程数量，并应根据核实的工程数量和承包人已标价工程量清单中的计日工的单价，计算已完成的计日工价款；已标价工程量清单中没有该类计日工单价的，应按合同相关约定确定单价，合同没有约定的，执行计价规范相关规定。工程实践中，计日工的签证与其他签证可能使

用的是相同的签证表格，应对计日工签证与其他签证分别汇总统计，可以在签证单上作“计日工”等标志，方便统计。

（4）本周期应支付的安全文明施工费。发包人应在工程开工后的28天内预付不低于当年施工进度计划的安全文明施工费总额的60%，其余部分应按照提前安排的原则进行分解，并应与进度款同期支付。

（5）本周期应增加的合同价款。

① 承包人现场签证。现场签证是发包人现场代表（或其授权的监理人、工程造价咨询人）与承包人现场代表就施工过程中涉及的责任事件所作的签认证明。例如发生设计变更，承包人按合同约定的时间向发包人提出并得到签证确认的价款等。

② 得到发包人确认的索赔金额。在合同履行过程中，由于非承包人的原因（如长时间停水、停电，不可抗力，发包人延期提供甲供材料等）而遭受损失，承包人按照合同约定的时间向发包人索赔并得到确认的金额。

在合同履行过程中，由于非发包人原因（如材料不合格、未能按照监理人要求完成缺陷补救工作、由于承包人的原因修改进度计划导致发包人有额外投入、管理不善延误工期等）而遭受损失，发包人按照合同约定的时间向承包人索赔并得到确认的金额，可从承包人的索赔或签证款中扣除或按照合同约定的方式进行。

工程施工过程中，可能会发生合同约定价款调整的事项，主要有法律法规变化、工程变更、项目特征不符、工程量清单缺项、工程量偏差、发生合同以外的零星工作、不可抗力、索赔等情况，承包人按约定提出价款调整报告或签证、索赔等资料，取得发包人书面确认，以此调整价款，可以在进度款支付时一并结算，也可以在竣工结算时一并结算，具体方式在合同中约定。

2. 支付比例

进度款的支付比例按照合同约定，按期中结算价款总额计，不低于60%，不高于90%。《建设工程质量保证金管理办法》第七条规定：发包人应按照合同约定方式预留保证金，保证金总预留比例不得高于工程价款结算总额的3%。因此，在进度款支付中扣减质量保证金，增加了财务结算工作量，而在竣工结算价款中预留保证金则更加简便清晰。

3. 本周期应扣减的金额

（1）本周期应扣回的预付款。预付款应从每一个支付期应付给承包人的工程进度款中扣回，直到扣回的金额达到合同约定的预付款金额为止。

（2）本周期应扣减的金额。发包人提供的甲供材料金额应按照发包人签约提供的单价和数量从进度款支付中扣除。

4. 进度款的支付程序

（1）承包人提交进度款支付申请。承包人应在每个计量周期到期后的7天内向发包人提交已完工程进度款支付申请一式四份，详细说明此周期认为有权得到的款项，包括分包人已完工程的价款。《建设工程工程量清单计价规范》（GB 50500—2013）中给出了“进度款支付申请（核准）表”的规范格式。

支付申请应包括：累计已完成的合同价款；累计已实际支付的合同价款；本周期合计完成的合同价款；本周期已完成单价项目的金额；本周期应支付的总价项目的金额；本周期已完成的计日工价款；本周期应支付的安全文明施工费；本周期应增加的金额；本周期合计应扣减的金额；本周期应扣回的预付款；本周期应扣减的金额；本周期实际应支付的合同价款。

（2）发包人签发进度款支付证书。发包人应在收到承包人进度款支付申请后的 14 天内，根据计量结果和合同约定对申请内容予以核实，确认后向承包人出具进度款支付证书。若发承包双方对部分清单项目的计量结果存在争议，则发包人应对无争议部分的工程计量结果向承包人出具进度款支付证书。《建设工程工程量清单计价规范》（GB 50500—2013）中关于进度款的申请与核准在“进度款支付申请（核准）表”部分集中表达，发包人在该表上选择“同意支付”并盖章，该表即变为进度款的支付证书。

（3）发包人支付进度款。发包人应在签发进度款支付证书后的 14 天内，按照支付证书列明的金额向承包人按照合同约定的账户支付进度款。若发包人逾期未签发进度款支付证书，则视为承包人提交的进度款支付申请已被认可，承包人可向发包人发出催告付款的通知。发包人应在收到通知后的 14 天内，按照承包人支付申请的金额向承包人支付进度款。发现已签发的任何支付证书有错、漏或重复的数额，发包人有权予以修正，承包人也有权提出修正申请。经发承包双方复核同意修正的，应在本次到期的进度款中支付或扣减。

（4）进度款支付的法律责任。发包人未按合同约定（合同没有约定的则按《建设工程工程量清单计价规范》（GB 50500—2013）中的规定）支付进度款的，承包人可催告发包人支付，并有权获得延迟支付的利息；发包人在付款期满后的 7 天内仍未支付的，承包人可在付款期满后的第 8 天起暂停施工。发包人应承担由此增加的费用和延误的工期，向承包人支付合理利润，并应承担违约责任，具体内容在合同中明确约定。

三、竣工验收

工程项目竣工验收阶段是工程项目建设全过程的终结阶段，当工程项目按设计文件及工程合同的规定内容全部施工完毕后，便可组织验收。通过竣工验收，移交工程项目产品，对项目成果进行总结、评价，交接工程档案资料，进行竣工结算，终止工程施工合同，结束工程项目实施活动及过程，完成工程项目管理的全部任务。

（一）工程项目竣工验收的概念

工程项目竣工是指工程项目经过承包人的准备和实施活动，已完成了项目承包合同规定的全部内容，并符合发包人的意图、达到了使用要求，它标志着工程项目建设任务的全面完成。

工程项目竣工验收是工程项目建设环节的最后一道程序，是全面检验工程项目是否符合设计要求和工程质量检验标准的重要环节，也是检查工程承包合同执行情况、促进建设项目交付使用的必然途径。

工程项目竣工验收的主体有交工主体和验收主体两方面。交工主体是承包人，验收主体是发包人，二者均是竣工验收行为的实施者，是互相依附而存在的。工程项目竣工验收的客体应是设计文件规定、施工合同约定的特定工程对象，即工程项目本身。在工程项目竣工验收过程中，应严格规范竣工验收双方主体的行为，对工程项目实行竣工验收制度是确保我国基本建设项目顺利投入使用的法律要求。

（二）工程项目竣工验收的管理程序

工程项目竣工验收阶段的工作是一项复杂而细致的工作，项目管理的各方应加强协作配合，按竣工验收的管理程序依次进行，认真做好竣工验收工作。其程序如下：

（1）竣工验收准备。工程交付竣工验收前的各项准备工作由项目经理部具体操作实施，项目经理全面负责，要建立竣工收尾小组，搞好工程实体的自检，收集、汇总、整理完整的工程竣工资料，扎扎实实做好工程竣工验收前的各项竣工收尾及管理基础工作。

（2）编制竣工验收计划。计划是行动的指南，项目经理部应认真编制竣工验收计划，并将其纳入企业施工生产计划实施和管理。项目经理部按计划完工并经自检合格的工程项目应填写工程竣工报告和工程竣工报验单，提交工程监理机构签署意见。

（3）组织现场验收。首先由工程监理机构依据施工图、施工及验收规范、质量检验标准、施工合同等对工程进行竣工预验收，提出工程竣工验收评估报告；然后由发包人对承包人提交的工程竣工报告进行审定，组织有关单位进行正式竣工验收。

（4）进行竣工结算。工程竣工结算要与竣工验收工作同步进行。工程竣工验收报告完成后，承包人应在规定的时间内向发包人递交工程竣工结算报告及完整的结算资料。承发包双方依据工程合同和工程变更等资料，最终确定工程价款。

（5）移交竣工资料。整理和移交竣工资料是工程项目竣工验收阶段必不可少且非常细致的一项工作。承包人向发包人移交的工程竣工资料应齐全、完整、准确，要符合《城市建设档案管理规定》《基本建设项目档案资料管理暂行规定》《建设工程文件归档整理规范》的有关规定。

(6) 办理交工手续。工程已正式组织竣工验收，建设、设计、施工、监理和其他有关单位已在工程竣工验收报告上签认，工程竣工结算办理完成后，承包人应与发包人办理工程移交手续，签署工程质量保修书，撤离施工现场，正式解除现场管理责任。

（三）工程项目竣工资料

工程项目竣工资料是工程项目承包人按《建设工程文档归档整理规范》及竣工验收条件的有关规定，在工程施工过程中按时收集、认真整理，竣工验收后移交发包人汇总归档的技术与管理文件，是记录和反映工程项目实施全过程的工程技术与管理活动的档案。在工程项目的使用过程中，竣工资料有着其他任何资料都无法替代的作用，它是建设单位在使用中对工程项目进行维修、加固、改建、扩建的重要依据，也是对工程项目的建设过程进行复查、对建设投资进行审计的重要依据。因此，在工程建设开始时，承包单位就应设专门的资料员按规定负责及时收集、整理和管理这些档案资料，不得丢失和损坏；在工程项目竣工以后，工程承包单位必须按规定向建设单位正式移交这些工程档案资料。

1. 工程项目竣工资料的内容

工程项目竣工资料必须真实记录和反映项目管理全过程的实际，它的内容必须齐全、完整。竣工资料的内容应包括工程施工技术资料、工程质量保证资料、工程检验评定资料、竣工图和规定的其他应移交资料。

2. 工程项目竣工资料的收集、整理

工程项目的承包人应按竣工验收条件的有关规定，建立健全资料管理制度，要设置专人负责，认真收集和整理工程竣工资料。工程项目竣工资料必须真实反映工程项目建设的全过程，资料的形成应符合其规律性、具有完整性，填写时做到字迹清楚、数据准确、签字手续完备、齐全可靠。对工程项目竣工资料的收集和整理应建立制度，根据专业分工的原则实行科学收集、定向移交、归口管理，要做到竣工资料不损坏、不变质和不丢失，组卷时符合规定。工程项目竣工资料应随施工进度及时收集和整理，发现问题及时处理、整改。整理工程项目竣工资料的依据：一是国家有关法律、法规、规范对工程档案和竣工资料的规定；二是现行建设工程施工及验收规范、质量评定标准对资料内容的要求；三是国家和地方档案管理部门和工程竣工备案部门对工程竣工资料移交的规定。

（四）工程项目竣工资料的移交验收

交付竣工验收的工程项目必须有与竣工资料目录相符的分类组卷档案，工程项目的交工主体即承包人在建设工程竣工验收后，一方面要把完整的工程项目实体移交给发包人，另一方面要把全部应移交的竣工资料交给发包人。

总包人必须对工程项目竣工资料的质量负全面责任，对各分包人做到“开工前

有交底，施工中有检查，竣工时有预检”，确保竣工资料达到一次交验合格。总包人根据总分包合同的约定，负责对分包人的竣工资料进行中检和预检，有整改的待整改完成后再进行整理汇总，一并移交发包人。承包人根据建设工程施工合同的约定，在建设工程竣工验收后，按规定和约定的时间，将全部应移交的竣工资料交给发包人，并应符合城建档案管理的要求。

工程项目竣工资料的移交验收是工程项目交付竣工验收的重要内容。发包人接到竣工资料后，应根据竣工资料移交验收办法和国家及地方有关规定，组织有关单位的项目负责人、技术负责人对资料的质量进行检查，验证手续是否完备，应移交的资料项目是否齐全，所有资料符合要求后，承发包双方按编制的移交清单签字、盖章，按资料归档要求双方交接，竣工资料交接验收即完成。

（五）工程项目竣工验收管理

工程项目进入竣工阶段后，承发包双方和工程监理机构应加强协调和配合，按竣工验收管理工作的基本要求循序进行相关工作，为建设工程项目竣工验收的顺利进行创造条件。

工程项目交付竣工验收可以按以下三种方式分别进行：

（1）单位工程（或专业工程）竣工验收（又称中间验收）：是指承包人以单位工程或某专业工程内容为对象，独立签订建设工程施工合同，达到竣工条件后，承包人可单独进行交工，发包人根据竣工验收的依据和标准，按施工合同约定的工程内容组织竣工验收。

（2）单项工程竣工验收（又称交工验收）：即在一个总体建设项目中，一个单项工程已按设计图纸规定的工程内容完成，能满足生产要求或具备使用条件，承包人向监理人提交“工程竣工报告”和“工程竣工报验单”，经签认后应向发包人发出“交付竣工验收通知书”，说明工程完工情况、竣工验收准备情况、设备无负荷单机试车情况、具体约定交付竣工验收的有关事宜等。发包人按照约定的程序，依照国家颁布的有关技术标准和施工承包合同，组织有关单位和部门对工程进行竣工验收。验收合格的单项工程，在全部工程验收时，原则上不再办理验收手续。

（3）全部工程竣工验收（又称动用验收）：指建设项目已按设计规定全部建成、达到竣工验收条件，由发包人组织设计、施工、监理等单位和档案部门进行全部工程的竣工验收。对一个建设项目的全部工程竣工验收而言，大量的竣工验收基础工作已在单位工程或单项工程竣工验收中完成了。对已经交付竣工验收的单位工程（中间交工）或单项工程并已办理了移交手续的，原则上不再重复办理验收手续，但应将单位工程或单项工程竣工验收报告作为全部工程竣工验收的附件加以说明。

四、竣工结算

竣工结算按照结算对象分为单位工程结算、单项工程结算和建设项目竣工总结算。其中，单位工程竣工结算和单项工程竣工结算也可以看成是建设项目的分阶段结算。

（一）竣工结算的编制

预付款、进度款通过支付申请、支付证书实现，而竣工结算要形成一套内容完整、格式规范的经济文件，是对工程实际造价的最终确定，类似于投标报价。合同工程完工后，发承包双方必须在合同约定时间内办理竣工结算。竣工结算应由承包人或受其委托具有相应资质的工程造价咨询人编制，并由发包人或受其委托具有相应资质的工程造价咨询人核对。

竣工结算的编制依据：

（1）国家有关法律、法规、规章制度和相关的司法解释；

（2）《建设工程工程量清单计价规范》（GB 50500—2013）；

（3）国务院建设主管部门以及各省、自治区、直辖市和有关部门发布的工程造价计价标准、计价方法、有关规定及相关解释；

（4）施工承发包合同、专业分包合同及补充合同，有关材料、设备采购合同；

（5）招投标文件，包括招标答疑文件、投标承诺、中标报价书及其组成内容；

（6）工程竣工图或施工图、施工图会审记录、经批准的施工组织设计，以及设计变更、工程洽商和相关会议纪要；

（7）经批准的开、竣工报告或停、复工报告；

（8）发承包双方实施过程中已经确认的工程量及其结算的合同价款；

（9）发承包双方实施过程中已经确认调整后追加（减）的合同价款；

（10）其他依据。

（二）竣工结算的计价原则

在采用工程量清单计价的方式下，工程竣工结算的计价原则如下：

（1）分部分项工程和措施项目中的单价项目应依据双方确认的工程量与已标价工程量清单的综合单价计算；如发生调整的，以发承包双方确认调整的综合单价计算。

（2）措施项目中的总价项目应依据合同约定的项目和金额计算；如发生调整的，以发承包双方确认调整的金额计算，其中，安全文明施工费必须按照国家或省级、行业建设主管部门的规定计算。

（3）其他项目应按下列规定计价：

① 计日工，应按发承包实际签证确认的事项计算；

② 暂估价，发承包双方应按《建设工程工程量清单计价规范》（GB 50500—2013）的相关规定计算；

③ 总承包服务费，应依据合同约定金额计算，如发生调整的，以发承包双方确

认调整的金额计算；

④ 施工索赔费用，应依据发承包双方确认的索赔事项和金额计算；

⑤ 现场签证费用，应依据发承包双方签证资料所确认的金额计算；

⑥ 暂列金额，应减去合同价款调整（包括索赔、现场签证）金额计算，若有余额，则归发包人。

（4）规费和税金，应按照国家或省级、行业建设主管部门的规定计算。规费中的工程排污费应按工程所在地环境保护部门规定标准缴纳后按实列入。此外，发承包双方在合同工程实施过程中已经确认的工程量计量结果和合同价款，在竣工结算办理中应直接进入结算。

（三）竣工结算款的计算方法

1. 竣工结算款的计算

竣工结算造价（工程实际造价）= 分部分项工程费+措施项目费+其他项目费+规费+税金

分部分项工程费=双方确认的工程量×已标价工程量清单的综合单价

措施项目费=单价措施项目费+总价措施项目费

单价措施项目费=双方确认的工程量×已标价工程量清单的综合单价

总价措施项目费=合同约定的取费基础×已标价工程量清单的费率

其中，安全文明施工费必须按照国家或省级、行业建设主管部门的规定计算，如某省规定：本省行政区域内按规定进行现场评分的工程，承包人凭“安全文明施工措施评价及费率测定表”测定的费率办理竣工结算，未经现场评价或承包人不能出具“安全文明施工措施评价及费率测定表”的，承包人不得收取安全文明施工费中的文明施工费、安全施工费、临时设施费。

其他项目费=实际确认的计日工+实际结算的专业工程价款+双方确认的总承包服务费+双方确认的索赔费+双方确认的签证费

为了方便统计，对于可能作为取费基础的定额人工费等，有的结算人员将索赔、签证费用填入“分部分项工程和单价措施项目清单与计价表”内；也有的结算人员将索赔、签证费用直接在工程造价中汇总。这里的索赔、签证费用包含规费和税金的金额。

规费=当地主管部门规定的取费基础×规定的费率

其中，工程排污费应按工程所在地环境保护部门规定标准缴纳后按实计算。

税金=实际的税前造价×规定的税率

（四）竣工结算应支付价款的计算

竣工结算应支付的价款=竣工结算造价-累计已实际支付的合同价款-质量保证金

其中，竣工结算造价是按照合同约定，根据竣工图、双方确认的费用增加或减少的各项资料等编制，反映的是合同工程的实际造价。

“实际支付进度款”有以下两种理解：

一是指按照合同约定比例计算并经双方确认的进度款金额，但这个实际支付进度款并不一定是真正划拨到承包人的进度款，划拨到承包人的进度款可能还要按照合同约定抵扣预付款、甲供材料款等。

二是理解为实际划拨给承包人的进度款金额。

第三节　工程结算文件的确认

1. 承包人提交竣工结算文件

合同工程完工后，承包人应在经发承包双方确认的合同工程期中价款结算的基础上汇总完成竣工结算文件，应在提交竣工验收申请的同时向发包人提交竣工结算文件。

承包人未在合同约定的时间内提交竣工结算文件，经发包人催告后 14 天内未提交或没有明确答复的，发包人根据有关已有资料编制竣工结算文件，作为办理竣工结算和支付结算款的依据，承包人应予以认可。

2. 发包人核对竣工结算文件

发包人可以自行核对竣工结算文件，也可以委托工程造价咨询人核对竣工结算文件。

发包人自行核对竣工结算文件的程序如下：

(1) 发包人应在收到承包人提交的竣工结算文件后的 28 天内核对完毕。发包人经核实，认为承包人还应进一步补充资料和修改结算文件，应在上述时间内向承包人提出核实意见，承包人在收到核实意见后的 28 天内应按照发包人提出的合理要求补充资料，修改竣工结算文件，并应再次提交给发包人复核。

(2) 发包人应在收到承包人再次提交的竣工结算文件后的 28 天内予以复核完毕，并将复核结果通知承包人。若发承包人对复核结果无异议，则应在 7 天内在竣工结算文件上签字确认，竣工结算办理完毕。若发包人或承包人认为复核结果有误，则对无异议部分办理不完全竣工结算，有异议部分由发承包双方协商解决，协商不成的，按照合同约定的争议解决方式处理。

(3) 发包人在收到承包人竣工结算文件后的 28 天内，既不确认也未提出异议的，应视为承包人提交的竣工结算文件已被发包人认可，竣工结算办理完毕。

(4) 承包人在收到发包人提出的核实意见后的 28 天内，既不确认也未提出异议的，应视为发包人提出的核实意见已被承包人认可，竣工结算办理完毕。

发包人委托工程造价咨询人核对竣工结算文件的，工程造价咨询人应在 28 天内核对完毕，核对结论与承包人竣工结算文件不一致的，应提交承包人复核。承包人应在 14 天内将同意核对结论或不同意见的说明提交给工程造价咨询人。工程造价咨询人收到承包人提出的异议后，应再次复核，复核无异议的，发承包双方应在 7 天内在竣工结算文件上签字确认，竣工结算办理完毕。复核后仍有异议的，对无异议部分办理不完全竣工结算；有异议部分由发承包双方协商解决，协商不成的，按照合同约定的争议解决方式处理。承包人逾期未提出书面异议的，视为工程造价咨询人核对的竣工结算文件已经被承包人认可。

3. 竣工结算文件的签认

对发包人或发包人委托的工程造价咨询人指派的专业人员与承包人指派的专业人员经核对后无异议的竣工结算文件，除非发承包人能提出具体、详细的不同意见，否则发承包人都应在竣工结算文件上签名确认。若其中一方拒不签字的，则按下列规定办理：

（1）若发包人拒不签字的，则承包人可不提供竣工验收备案资料，并有权拒绝与发包人或其上级部门委托的工程造价咨询人重新核对竣工结算文件。

（2）若承包人拒不签字、发包人要求办理竣工验收备案的，则承包人不得拒绝提供竣工验收资料；否则，由此造成的损失，承包人应承担相应责任。

合同工程竣工结算核对完成，发承包双方签字确认后，发包人不得要求承包人与另一个或多个工程造价咨询人重复核对竣工结算。

4. 支付竣工结算款

承包人提交竣工结算支付申请，该申请的内容应包括：竣工结算合同价款总额；累计已实际支付的合同价款；应扣留的质量保证金；实际应支付的竣工结算款金额。

质量保证金是合同约定承包人用于保证其在缺陷责任期内履行缺陷修补义务的担保。

承包人提供质量保证金的方式有三种：① 质量保证金保函；② 相应比例的工程款；③ 发承包双方约定的其他方式。

除专有合同条款另有约定外，质量保证金的提供原则上采取第一种方式，但工程实际中更多采取第二种方式，发包人按照合同约定的质量保证金比例从工程结算中预留质量保证金。

质量保证金的扣留方式有三种：① 在支付工程进度款时逐次扣留，在此情形下，质量保证金的计算基数不包括预付款的支付、扣回以及价款调整的金额；② 工程竣工结算时一次性扣留质量保证金；③ 发承包双方约定的其他扣留方式。

5. 发包人签发竣工结算支付证书

发包人应在收到承包人提交竣工结算款支付申请后的 7 天内予以核实，向承包人签发竣工结算支付证书。发包人签发竣工结算支付证书后的 14 天内，按照竣工结算支付证书列明的金额向承包人按照合同约定的账户支付结算款。

第四节　工程结算争议解决

工程结算争议是指发承包双方在工程结算阶段，就合同解释、工程质量、工程量变化、单价调整、违约责任、索赔、垫支利息等影响竣工结算价的相关法律事实是否发生，以及该法律事实对结算价款产生的影响不能达成一致意见，导致发承包双方不能共同确认最终工程结算价款的情形。由于建设工程建设周期较长，投资量大，合同双方权利义务关系复杂，合同履行过程中往往需要根据工程变更，以及工、料、机市场价格变化等情况对原合同约定价款进行多次调整。同时，目前国内宏观经济影响和政府对建设工程的监管和干预，大量工程施工合同签订时合同条款缺失、合同约定不明，大量工程的发承包双方合同管理水平滞后、合约意识不强，导致结算过程中结算价款争议普遍存在，工程造价人员在办理结算过程中需要参与处理大量合同价款结算争议，这就要求其应具备依据法律、合同和有利事实维护本企业合法权益的基本知识和技能。同时，企业加强施工合同管理能有效减少建设工程合同结算争议，最大限度地实现自身合同目的和预期收益。

一、工程结算争议解决的途径

建设工程合同发生纠纷后，当事人不仅可以通过监理或造价工程师鉴定、管理机构的解释或认定、调解方式解决争议，也可以通过协商达成和解协议。当事人未采用监理或造价工程师鉴定、管理机构的解释或认定、调解、和解的方式解决争议，或解决后仍存在争议的，可以根据仲裁协议向仲裁机构申请仲裁；当事人没有订立仲裁协议或者仲裁协议无效的，可以向人民法院起诉。仲裁或诉讼后，一方当事人拒不履行生效仲裁裁决或法院生效判决的，对方当事人可以申请法院强制执行。与仲裁和诉讼相比，其他争议解决的最终结果需要争议各方共同确认，各方最终确认后，争议各方仍可申请仲裁、提起诉讼。仲裁和诉讼由第三方裁判，仲裁裁决和法院判决无须取得争议各方认可，且裁决和判决生效后，各方权利义务关系由争议状态转换为确定状态，争议得以解决。争议各方如不履行裁决和判决确定的法律义务的，由法院强制其履行。

采用监理或造价工程师鉴定方式解决工程结算争议的，应在施工合同中明确约定或在争议发生后约定并签订争议解决协议。

1. 管理机构的解释或认定

采用管理机构的解释或认定方式解决工程结算争议的，应在施工合同中明确约

定或在争议发生后约定并签订争议解决协议。

在采用施工合同约定管理机构的解释或认定方式解决争议的情况下，争议发生后，争议双方均可不经过约定的管理机构解释或认定程序，直接向人民法院提起诉讼或根据仲裁约定向仲裁机构申请仲裁。

2. 协商和解

合同价款争议发生后，发承包双方任何时候都可以进行协商。协商达成一致的，双方应签订书面和解协议，和解协议对争议各方都具有法律效力。在工程施工合同履行中，和解协议既可以采用协议书的形式表现，也可以表现为会议纪要、备忘录、承诺书等形式。

在起草和签订和解协议时，应对双方权利义务关系进行梳理，并表述清楚、明确，对结算方式或结算金额、履行时间、履行方式、特别约定作出明确且具有操作性的表述，建议将结算中所有争议一揽子进行解决，并阐明协议达成的基础和背景，做到不留后患，必要时，应要求法律专业人员参与。

和解协议签订后，除有证据证明协议签订中有欺诈、胁迫等违反自愿原则的情况或协议内容因违反法律规定导致无效外，即便争议一方将争议提交仲裁或法院处理，仲裁机构和法院原则上不会推翻和解协议约定的内容。

在诉讼和仲裁过程之外，争议各方达成和解协议的，可通过公证对可强制执行的协议内容赋予强制执行效力，在诉讼和仲裁过程中，争议各方达成和解协议的，建议将和解协议提交法院或仲裁机构，由法院或仲裁机构审查并制作调解书。经公证并赋予强制执行效力的和解协议、仲裁调解书、法院民事调解书除法律效力得到补强外，还具有强制执行效力，可直接向法院申请强制执行，无须再次进行仲裁或诉讼程序。

3. 调解

价款争议发生后，与发承包双方自行协商一致达成和解不同，调解是由第三人居中分析争议发生的原因，阐明争议各方的理由，居中进行撮合，最终使争议各方就争议解决方案达成一致的争议解决方式。

采用调解方式解决工程结算争议的，可在施工合同中明确约定或在争议发生后约定调解人。具有专业知识、技能，在行业中具有较大影响力，了解争议发生经过的调解人，可有效促成争议各方达成争议解决方案。

调解人有机构调解人和自然人调解人两种。在我国具有法定调解职能的机构主要是人民调解机构、行政调解机构、法院、仲裁机构，在上述机构组织调解后，争议双方就争议处理达成一致的，可以以本机构名义出具调解书，调解书具备较强的法律效力，部分机构出具的调解书具有直接申请法院确认并执行的法律效力。

在建设工程价款结算纠纷发生后，争议各方可申请建设行政主管部门进行行政调解，特殊情况下，建设行政主管部门也可依职权组织调解，在仲裁和诉讼过程中，仲裁和诉讼当事人可申请进行仲裁或司法调解，仲裁机构和法院也可主动组织调解。

调解的基本原则是自愿原则。若经过调解，争议各方就争议解决不能达成一致的，则可选择仲裁或诉讼方式解决，在仲裁和诉讼程序中不能调解的，由仲裁裁决或法院判决。

4. 仲裁

采用仲裁方式解决工程结算争议的，应在施工合同中约定仲裁条款或在争议发生后达成仲裁协议。仲裁条款、仲裁协议应明确约定仲裁事项并选定明确的仲裁委员会。

争议各方约定仲裁后，且仲裁条款和仲裁协议有效的，则排除了诉讼方式解决争议，各方均不能再采用向法院起诉的方式解决争议。在通过协商不能达成一致的情况下，越来越多的争议当事人选择采用仲裁方式解决工程价款结算争议。

（1）相比诉讼，仲裁的优势有：

① 仲裁一裁终结，裁决具有司法执行力，争议解决相对诉讼程序较为快捷。

② 仲裁案件不受地域、级别管辖约束。争议各方根据情况可选择到国内或国际任何仲裁机构进行仲裁。

③ 仲裁员可由仲裁当事人选择，在仲裁机构选择仲裁员时，会充分尊重仲裁各方的选择，在可供当事人选择的仲裁员名单中，不仅有法律专家，也有工程专家，有利于正确地查明事实和适用法律。仲裁原则上不公开审理，有利于保护当事人的商业秘密。

（2）在选择仲裁前，应考虑：

① 仲裁机构没有执行权，在涉及财产保全、证据保全及执行的案件中，只能由法院进行保全和执行。

② 法院对仲裁裁决具有审查权，在仲裁裁定作出后，对方当事人往往采用向法院申请撤销仲裁裁决，申请不予执行仲裁裁决等方式，拖延仲裁裁决的执行，甚至导致仲裁被撤销或被法院裁定不予执行。

5. 诉讼

诉讼是工程价款结算争议的最终解决办法，在其他争议解决方法均未有效解决争议，各方亦未约定采用仲裁解决争议的情况下，最终争议各方只能采取诉讼方法解决争议。

根据我国现有民事诉讼制度，建设工程价款结算争议采用诉讼方式解决的，若无相关约定，则由被告住所地或工程所在地人民法院管辖。在不违反《中华人民共和国民事诉讼法》对级别管辖和专属管辖的规定的前提下，争议各方也可以书面协议选择被告住所地、工程所在地、工程合同签订地、原告住所地等与争议有实际联

系的地点的人民法院管辖。

二、特殊情况下的工程价款结算

特殊情况下的工程价款结算主要是指合同解除的价款结算，分为以下两种情况。

1. 不可抗力解除合同的工程价款结算

发生不可抗力（不可抗力是指承包人和发包人在订立合同时不可预见，在工程施工过程中不可避免地发生并不能克服的自然灾害和社会性突发事件，如地震、海啸、瘟疫、水灾、骚乱、暴动、战争等），导致合同无法履行，双方协商一致解除合同，按照协议办理结算和支付合同价款。发包人应向承包人支付合同解除之日前已完成工程尚未支付的合同价款，此外还应支付下列金额：

（1）合同约定应由发包人承担的费用。

（2）已实施或部分实施的措施项目应付价款。

（3）承包人为合同工程合理订购且已支付的材料和工程设备货款。发包人一经支付此项货款，该材料和工程设备即成为发包人的财产。

（4）承包人撤离现场所需的合理费用，包括员工遣送费和临时工程拆除、施工设备运离现场的费用。

（5）承包人为完成合同工程而预期开支的任何合理费用，且该项费用未包括在本款其他各项支付之内。

（6）发承包双方办理结算合同价款时，应扣除合同解除之日前发包人应向承包人收回的价款。当发包人应扣除的金额超过应支付的金额，承包人应在合同解除后的 56 天内将其差额退还给发包人。

2. 违约解除合同

因承包人违约解除合同的，发包人应暂停向承包人支付任何价款。发包人应在合同解除后 28 天内核实合同解除时承包人完成的全部合同价款以及按施工进度计划已运至现场的材料和工程设备货款，按合同约定核算承包人应支付的违约金以及造成损失的索赔金额，并将结果通知承包人。发承包双方应在 28 天内予以确认或提出意见，并应办理结算合同价款。如果发包人应扣除的金额超过了应支付的金额，那么承包人应在合同解除后的 56 天内将其差额退还发包人。发承包双方不能就解除合同后的结算达成一致的，按照合同约定的争议解决方式处理。

因发包人违约解除合同的，发包人除应按照有关不可抗力解除合同的规定向承包人支付各项价款外，还应按合同约定核算发包人应支付的违约金以及给承包人造成损失或损害的索赔金额费用。该笔费用由承包人提出，发包人核实后与承包人协商确定后的 7 天内向承包人签发支付证书。协商不能达成一致的，按照合同约定的争议解决方式处理。

第五节　竣工决算管理

竣工决算是反映竣工项目从筹建开始到项目竣工交付使用为止的实际造价和投资效果的文件，是竣工验收报告的重要组成部分，它是正确核定新增固定资产价值、分析投资效果的依据，也是办理交付使用资产的依据。

一、竣工决算内容

竣工决算一般包括竣工决算报告情况说明书、竣工财务决算报表、建设工程竣工图和工程造价比较分析四个部分，前两个部分是竣工决算的核心内容。

1. 竣工决算报告情况说明书

竣工决算报告情况说明书主要是对竣工决算报表进行分析和补充说明的文件，是全面考核、分析工程投资与造价的书面总结，其内容主要包括：建设项目概况及对工程总的评价；资金来源及运用等财务分析；工程项目管理及竣工财务决算中有待解决的问题。

2. 竣工财务决算报表

建设项目竣工财务决算报表要根据大、中型建设项目和小型建设项目分别制定。大、中型建设项目竣工财务决算报表包括：建设项目竣工财务决算审批表；大、中型建设项目概况表；大、中型建设项目竣工财务决算表；大、中型建设项目交付使用资产总表；建设项目交付使用资产明细表。小型建设项目竣工财务决算报表包括：建设项目竣工财务决算审批表、小型建设项目竣工财务决算总表、建设项目交付使用资产明细表。

3. 建设工程竣工图

建设工程竣工图是真实地记录各种地上地下建筑物、构筑物等情况的技术文件，是工程进行交工验收、维护改建和扩建的依据，是国家的重要技术档案。

4. 工程造价比较分析

批准的概算是考核建设工程造价的依据。可先对比整个项目的总概算，然后将建筑安装工程费、设备工器具费和其他工程费用逐一与竣工决算表中所提供的实际数据同相关资料及批准的概算、预算指标，实际的工程造价进行对比分析，以确定竣工项目总造价是节约还是超支，找出节约和超支的内容和原因，提出改进措施。

二、竣工决算的编制

1. 竣工决算的编制依据

竣工决算的编制依据主要有可行性研究报告、投资估算书、初步设计或扩大初

步设计、修正总概算；设计变更记录、施工记录或施工签证单及其他施工发生的费用记录；经批准的施工图预算或标底造价、承包合同、工程结算等有关资料；历年基建计划、历年财务决算及批复文件；设备、材料调价文件和调价记录。

2. 竣工决算的编制步骤

根据经审定的竣工结算等原始资料，对原预算进行调整，重新核定各单项工程和单位工程造价。属于竣工项目固定资产的其他投资应分摊于受益工程，在受益工程交付使用的同时，一并计入竣工项目固定资产值。竣工决算的编制，主要是进行竣工决算报表和竣工决算报告说明书的编制等工作。具体步骤如下：

（1）收集、整理、分析原始资料；

（2）对照、核实工程变动情况，重新核实各单位工程、单项工程造价；

（3）编制竣工决算报告说明书；

（4）填报竣工决算报表；

（5）做好工程造价对比分析；

（6）整理、装订好竣工图；

（7）按国家规定上报审批，存档。

第三篇

配电网工程后期造价管理

第七章

工程索赔

第一节　工程索赔概述

一、工程索赔的概念

工程索赔是指在工程合同履行过程中，合同当事人一方因非己方的原因而遭受损失，按合同约定或法律法规规定应由对方承担责任，从而向对方提出补偿的要求。索赔是双向的，承包人可向发包人索赔，发包人也可向承包人索赔。索赔是一种补偿而不是惩罚，它既可以是经济补偿，也可以是工期顺延要求。索赔必须在合同约定时间内进行，并出具正当的索赔理由和有效证据；任何索赔必须具有真实性、全面性、关联性、及时性，并具有法律证明效力。

二、工程索赔的性质

作为一种正当的权利要求，索赔是业主和承包人之间正常的、大量发生并且普遍存在的合同管理业务，是一种以法律和合同为依据的合情合理的行为。工程索赔应具备以下性质：

（1）补偿性。工程索赔属于一种经济补偿行为，其目的是补偿无过错方的损失，不具备惩罚性，是按照索赔事件造成承包人的实际损失来加以补偿的。

（2）合法性。工程索赔的确定必须以合同文件和有关法律法规为依据，且必须有准确的证据。若不符合法律或合同条款的约定，没有确凿的证据，则不能得到业主的确认，得不到补偿。

（3）客观性。承包人只有实际发生了经济损失或权利损害，才能向业主提起索赔。索赔事件发生了，但承包人并未受到实际损失的，不能获得补偿。

（4）自身无过错性。工程索赔是由承包人非自身原因导致的，引起索赔的事件责任不在承包人，而是由业主、工程师，或外部社会、自然环境所引起的，如业主违约、不可抗力或不可预见造成的。

三、工程索赔的依据与条件

（1）索赔要有证据，证据是索赔报告的重要组成部分，证据不充分或者没有证据，索赔就不可能成立，由此可见索赔依据的重要性。可以考虑从以下几个方面提出工程索赔的依据：

① 各种文件、合同及技术资料，包括招标文件、施工合同文本及附件，其他签约（如备忘录、修正案等），经认可的工程实施计划，各种工程图纸，技术规范等。这些索赔的依据可在索赔报告中直接引用。

② 双方往来信件及各种会谈纪要，在合同履行过程中，业主、监理工程师和承包人定期或不定期会谈所作出的决议或决定是合同的补充，应作为合同的组成部分，但会谈纪要只有经各方签署后才可作为索赔的依据。

③ 进度计划和具体的进度安排以及项目现场的有关文件是变更索赔的重要证据。

④ 其他资料，如气象资料、工程检查验收报告和各种技术鉴定报告，工程中送停电、送停水、道路开通和封闭的记录和证明都可作为索赔的依据。

⑤ 有关政策法规，如国家有关法律、法令、政策文件，官方的物价指数、工资指数，各种会计核算资料，材料的采购、订货、运输、进场、使用方面的凭证也是索赔的依据。

（2）工程索赔需要满足下列条件方可成立：

① 与合同对照，事件已造成非责任方的额外支出或直接损失。

② 造成费用增加或工期损失的原因，按合同约定不属于己方。

③ 非责任方按合同规定的程序向责任方提交索赔意向通知书和索赔报告。

四、工程索赔的重要性

1. 工程索赔管理是减少工程风险损失的有效途径

工程项目的实施过程中隐含着各种各样的风险，如政治风险、经济风险、合同风险、自然条件的风险以及施工本身的风险等。为了避免由于风险造成的亏损，同时争取盈利，承包人应善于识别风险，采用防范、规避、转嫁等手段预防风险造成的损失。如果承包人在施工过程中缺乏索赔意识，对造成索赔的事件反应迟钝，那么就等于主动放弃了应该得到的利益。

2. 工程索赔是合同当事人维护合同权益的重要手段

合同中明确地规定了业主和承包人双方的权益以及应承担的义务。从经济利益上说，业主和承包人之间存在矛盾。业主的出发点是在其预算范围内获取最好的工程成果，因此对工程实施中的额外费用非常敏感。只有当业主对支付整个工程的资金有完全把握时，才有可能同意支付索赔款。而承包人的出发点是最大限度地获取经济收益，尽早从业主方得到损失补偿，但承包人总是处于相对被动的地位。因此，承包人只能依据《土木工程施工合同条件》，通过工程索赔来减少经济上的损失，维护其合同权益。工程索赔实际上是承包人维护其合同权益的最基本的管理行为。

3. 工程索赔是承包商经营管理水平的体现

承包商承揽工程项目的主要目的是获取经济收益，项目的经营管理围绕这一中心任务展开。任何一个有实力的承包商不仅应具备施工技术和施工能力上的优势，还应具备很强的合同管理和工程索赔的能力。项目的索赔管理是一件十分重要的工作，它关系到承包商的经济利益、进度和质量管理，甚至影响项目的成败。

第二节　工程索赔分类

一、工程索赔的原因

1. 当事人违约

当事人违约常表现为没有按照合同约定履行自己的义务，包括发包人违约、工程师未能按照合同约定完成工作、承包人违约。

2. 不可抗力事件

不可抗力可分为自然事件和社会事件。自然事件是指不利的自然条件和客观障碍，如施工过程中遇到了经现场调查无法发现、业主提供资料中也未提到的无法预料的情况，如地下水、地质断层等；社会事件则包括国家政策、法律、法令的变更，如战争、罢工、恐怖袭击等。

3. 合同缺陷

合同缺陷表现为合同文件的规定不严谨甚至矛盾，合同中存在遗漏或错误。在这种情况下，工程师应当对合同文件的规定给予解释，如果解释将导致成本增加或工期延长，那么承包人可由此提出索赔，发包人应当给予承包人补偿。

4. 工程变更

工程变更表现为设计变更、施工方法变更、追加或者取消某些工作、合同约定的其他变更等。

5. 工程师指令

工程师指令有时也会产生索赔，如工程师指令承包人加速施工、进行某项工作、更换某些材料、采取某些措施等。

6. 其他第三方原因

其他第三方原因常表现为与工程有关的第三方的问题而引起的对本工程的不利影响。

二、工程索赔的分类

工程索赔根据不同的标准可以进行不同的分类。

1. 按索赔的合同依据分类

（1）合同中明示的索赔。承包人所提出的索赔要求，在该工程项目的合同文件中有文字依据，承包人可以据此提出索赔要求，并获得经济补偿。

（2）合同中默示的索赔。承包人的该项索赔要求，虽然在工程项目的合同条款中没有专门的文字叙述，但可以根据该合同的某些条款的含义，推论出承包人有索赔权。这种索赔要求同样有法律效力，承包人有权得到相应的经济补偿。这种有经济补偿含义的条款，在合同管理工作中被称为“默示条款”或“隐含条款”。

2. 按索赔目的分类

（1）工期索赔。由于非承包人的责任导致施工进程延误，要求批准顺延合同工期的索赔，称为工期索赔。一旦获得批准合同工期顺延，承包人就可以免除承担拖期违约赔偿费的严重风险，还可能因提前工期得到奖励。

（2）费用索赔。费用索赔的目的是要求经济补偿，若施工的客观条件改变导致承包人增加开支，则可要求对超出计划成本的附加开支给予补偿，以挽回不应由承包人承担的经济损失。

（3）利润索赔。在工程建设中，利润是指承包人完成所承包工程的总收入与总成本的差额，且不包含税金，可以说是经济学上的经济利润，也可以说是会计学上的纯利润。利润作为发包人对承包人按合同约定完成施工任务，并承担一定承包风险给予的成本以外的报酬，是承包人从事经营活动的最终目的。国际咨询工程师联合会编制的《土木工程施工合同条件》中对利润索赔作了规定，承包人对利润的索赔一般发生于业主违约导致整个合同被延误、业主根据合同作出工程变更安排、业主违约导致合同提前终止之时，承包人有权向业主提出利润索赔。

3. 按索赔事件的性质分类

（1）工程变更索赔。在施工合同签订之后，经常会发生一些情况让业主或工程师必须或最好改变投标时所依据的图纸（一般情况下，这些图纸在签合同时并不十分详细）、技术要求和其他合同文件所定义的工程范围或功能。例如，开工后发现原来的设计和技术要求内容不全，业主原有项目计划或预算发生了变化；自然事件或完全未预料到的情况可能出现，有必要对工程范围和功能作出改变。由于这类原因，业主和工程师可能希望对合同文件重定义的工程进行修改。这些变更必然引起新的施工费用或需要延长工期。针对这些情况，承包商都可能提出索赔要求，以弥补自己不应承担的经济损失。

（2）工期拖延索赔。在工程特别是国际工程施工过程中，有些事件干扰甚至中断了承包商的施工，妨碍其在合同规定的时间内完成整个工程或其中某一区段工程。这些事件可能是由业主引起的（如拖延了提供现场的时间），由业主方面负责其行为的某人引起的（如工程师推迟了发出图纸的时间），由承包商或承包商负责其行为的某人引起的（如承包商的分包商或供应商），或由某些事件（如自然现象、战争）或双方均不负责的某人引起的（第三方的其他行为）。当工程或其中任一区段不是由于承包商或承包商对其行为负责的某人造成的事件或情况拖延时，承包商可能有权得到两种形式的补偿：一是延长整个工程或其中某一区段或者两者的竣工时间，从而推迟了承包人本来应开始负责支付违约罚金的日期；二是弥补由于打断其进度计划以至其必须在现场延长施工时间而增加的费用支出，或上述两种形式兼而有之。

（3）不可预见索赔。招标时业主通常要向可能参加投标的单位提供现场及周边状况的有关资料。投标期间，承包人以编制标书为目的进行了现场勘查和其他必要的调查。然而几乎所有的土木工程项目都可能遇到的主要风险是承包人在施工过程中在现场遇到的、开工前无法预料，处理无法预料的情况就会拖延工期和增加费用。例如，地基土要比预料的硬得多或软得多，发现从未预料到的地下水、管线、文物，或者良好的地基岩石埋置深度比预料的深得多或浅得多。因此，无法预料事件的发生必然会引起承包商的施工索赔。

（4）不可抗力索赔。由于工程项目的建设周期长，环境多边，施工期间可能会遇到一些特殊的事件或情况，如战争、敌对行动、入侵、外敌行动，叛乱、恐怖活动、暴动、军事政变或篡夺政权，或内战、暴乱、骚乱、混乱、罢工或停业等，这类特殊事件是合同当事人一方无法控制、无法合理防范、无法合理回避或克服的，不是业主或承包人一方所造成的。特殊事件的发生会给工期带来影响，对承包人造成一定的经济损失，按照《土木工程施工合同条件》，承包人有权为此向业主索赔。

（5）工程暂停索赔。建设工程的工期很长，在实际施工过程中会出现很多在签订合同时无法预料的情况。遇到无法预料的情况时，需要一定的时间来处理这些问题，工程师不得不要求工程暂停，简称停工。建筑施工合同中大多数规定有暂停施工条款，其条款规定业主或工程师可以指令承包商暂停施工。停工会使承包商产生窝工、机械闲置等一系列问题，增加了承包人的额外费用支出，如果停工不是承包人的原因造成的，承包人有权向业主提出索赔。

（6）合同终止索赔。在建设工程实践中，合同终止索赔一般是由于业主违约，导致承包人行使终止合同的权利；也可能是由于承包人的责任，或工程质量存在严重缺陷、整个合同工期被延误，承包人的行为违反了双方合同的约定，业主根据承包人合同履行情况，对合同作出变更安排，导致合同提前终止；或不可抗力造成合同无法继续履行而导致合同终止。如果不是承包人自身原因造成的合同终止，合同终止期间给承包人带来一定的经济损失，那么承包人可向业主提出赔偿要求。

（7）加速施工索赔。由于多方面的原因，在施工过程中往往出现工程进度拖延，从而影响整个工程不能按合同日期建成投入并发挥作用。如果造成工期拖延的原因不是由承包人所造成的，业主为了按期完成工程，由业主或工程师指令承包人加快施工速度，缩短工期，必将引起承包人的人、财、物的额外开支，承包人有权为此向业主提出索赔。

（8）其他原因索赔。除上述索赔原因外，《土木工程施工合同条件》中还有其他一些引起索赔的原因，使得承包商有权获得额外付款或延长工程竣工时间，或两者兼而有之。例如，物价上涨、汇率变化、货币贬值、工资上涨、工程款结算时的纠纷、法律政令变化、合同变更情况的发生。另外，若由于合同文件缺陷等错误、矛盾或遗漏，引起支付工程款时的纠纷，应由工程师作出解释，但若承包人按此解释施工时引起成本增加或工期拖延时，则属于业主方的责任，承包人也有权提出索赔。

第三节　工程索赔的程序

我国《建设工程施工合同（示范文本）》（GF 2017—0201）和《土木工程施工合同条件》对于索赔程序的规定有很大不同。

1.《建设工程施工合同（示范文本）》规定的工程索赔程序

当合同当事人一方向另一方提出索赔时，要有正当的索赔理由，且有索赔事件发生时的有效证据。工程索赔的具体程序如下：

（1）承包人提出索赔申请。合同实施过程中，索赔事件发生 28 天内，承包人向工程师发出索赔意向通知。

（2）承包人提出索赔报告。承包人发出索赔意向通知后 28 天内，向工程师提出补偿经济损失和（或）延长工期的索赔报告及有关资料，并在索赔申请发出后 28 天内提供索赔的证据资料。

（3）工程师审核承包人的索赔申请。工程师在收到承包人送交的索赔报告和有关资料后，于 28 天内给予答复，或要求承包人进一步补充索赔理由和证据。工程师在 28 天内未予答复或未对承包人作进一步要求的，视为已经认可该项索赔。

（4）索赔事件持续进行时的处理。承包人应当阶段性地向工程师发出索赔意向，在索赔事件终了后 28 天内，向工程师提供索赔的有关资料和最终索赔报告。

（5）工程师与承包人谈判。工程师与承包人各自依据对这一事件的处理方案进行友好协商，若能通过谈判达成一致意见，则该事件可协商解决。如果通过谈判无法达成共识，那么按照条款规定工程师有权确定一个他认为合理的单价或价格作为最终的处理意见报送发包人并通知承包人。

（6）发包人审批工程师的索赔处理证明。发包人首先根据事件发生的原因、责任范围、合同条款审核承包人的索赔申请和工程师的处理报告，再依据工程建设的目的，投资控制、竣工投产日期要求以及针对承包人在施工中的缺陷或违反合同规定等的有关情况，决定是否批准工程师的索赔报告。

（7）承包人是否接受最终的索赔决定。若承包人同意最终的索赔决定，则这一索赔事件即告结束。若承包人不接受工程师的单方面决定，或发包人删减的索赔金额或工期展延天数，则会导致合同纠纷。通过谈判和协调，双方达成互让的解决方案是处理纠纷的理想方式，如果双方不能达成谅解，就只能诉诸仲裁或者法律。

2.《土木工程施工合同条件》规定的工程索赔程序

《土木工程施工合同条件》只对承包商的索赔作出了规定，具体的索赔程序如下：

（1）承包商发出索赔通知。承包商察觉或者应当察觉该事件或情况后 28 天内发出索赔通知。

（2）承包商未及时发出索赔通知的后果。若承包商未能在上述 28 天期限内发出索赔通知，则竣工时间不得延长，承包商无权获得追加付款，而应免除业主有关该索赔的全部责任。

（3）承包商递交详细的索赔报告。在承包商察觉或者应当察觉该事件或情况后 42 天内，应当向工程师递交一份充分详细的索赔报告。

（4）工程师的答复。工程师在收到索赔报告或对过去索赔的任何进一步证明资料后 42 天内，或在工程师可能建议并经承包商认可的其他期限内，应表示批准或不批准、或不批准并附具体意见。工程师应当商定或者确定应给予竣工时间的延长期及承包商有权得到的追加付款。

第四节　工程索赔的计算

一、费用索赔

1. 费用索赔的构成

（1）人工费。它主要包括增加工作内容的人工费、停工损失费和工作效率降低造成的损失费等。其中，增加工作内容的人工费应按计日工费计算，停工损失费和工作效率降低造成的损失费按窝工费计算，窝工费的标准双方在合同中约定。

（2）设备费。设备费计算可采用机械台班费、机械折旧费、设备租赁费等几种形式。因工作内容增加引起的设备费索赔，标准按机械台班费计算。因窝工引起的设备费索赔，当施工机械属于施工企业自有时，索赔费用按机械折旧费计算；当施

工机械属于施工企业从外部租赁时，索赔费用按设备租赁费计算。

（3）材料费。

（4）保函手续费。工程延期时，保函手续费相应增加，取消部分工程且发包人与承包人达成提前竣工协议时，承包人的保函金额相应折减，则计入合同价内的保函手续费也应扣减。

（5）贷款利息。

（6）保险费。

（7）利润。

（8）管理费。管理费可分为现场管理费和公司管理费两部分，由于二者的计算方法不一样，所以在审核过程中应区别对待。

2. 费用索赔的计算

费用索赔是工程索赔的重点和最终目标，计算方法有以下两种：

（1）实际费用法。实际费用法是按照各索赔事件所引起损失的费用项目分别分析和计算索赔值，然后将各费用项目索赔值汇总，得到索赔总费用值。这种方法用于索赔事项引起的超过原计划的费用的计算，所以也称额外成本法。

（2）修正总费用法。这种方法是对总费用法的改进，即在总费用计算的原则上，去掉一些不确定的可能因素，对总费用法进行相应的修改和调整，使其更加合理。

【例】 业主与施工单位就某工程项目签订了可调价格合同。合同约定：主导施工机械（一台）为施工单位自有设备，台班单价为 800 元/台班，折旧费为 100 元/台班，人工日工资单价为 40 元/工日，窝工费为 10 元/工日。合同履行后第 30 天，因场外停电全场停工 2 天，造成人员窝工 20 个工日；合同履行后第 50 天，业主指令增加一项新工作，完成该工作需要 5 天时间，施工机械 5 台班，人工 20 个工日，材料费 5000 元。计算施工单位可得到的直接工程费的索赔额是多少？

解：（1）因场外停电导致的直接工程费的索赔额：人工费 = 20×10 = 200（元），设备费 = 2×100 = 200（元）。

（2）因业主指令增加一项新工作导致的直接工程费的索赔额：人工费 = 20×40 = 800（元），材料费 = 5000 元，设备费 = 5×800 = 4000（元）。

由此可得，直接工程费的索赔额 =（200 + 200）+（800 + 5000 + 4000）= 10200（元）。

二、工期索赔

工期索赔的计算方法主要有网络图分析法和比例计算法两种。

1. 网络图分析法

网络图分析法是利用进度计划的网络图，分析其关键线路。若延误的工作为关键工作，则延误的时间为批准顺延的工期。若延误的工作为非关键工作，当该工作由于延误超过时差限制而成为关键工作时，则可以批准延误时间与时差的差值的顺延工期；若该工作延误后仍为非关键工作，则不存在工期索赔问题。

2. 比例计算法

比例计算法分为对已知部分工程的施工延期计算和已知额外增加工程量的计算两种。比例计算法简单方便，但有时存在不尽符合实际的情况，比例计算法不适用于变更施工顺序、加速施工、删减工程量等事件的索赔。

【例】 某工程原合同规定分两阶段施工，土建工程 21 个月，安装工程 12 个月。假定以一定量的劳动力需要量为相对单位，则合同规定的土建工程量可折算为 310 个相对单位，安装工程量折算为 70 个相对单位。合同规定，在工程量增减 10% 的范围内，作为承包商的工期风险，不能要求工期补偿。在工程施工过程中，土建和安装的工程量都有较大幅度的增加。实际土建工程量增加到 430 个相对单位，实际安装工程量增加到 117 个相对单位。计算该工程的工期索赔是多少？

解：工期索赔的计算过程如下：

不索赔的土建工程量的上限 $=310\times1.1=341$（个相对单位），不索赔的安装工程量的上限 $=70\times1.1=77$（个相对单位）。

由于工程量增加而造成工期延长：土建工程工期延长 $=21\times(430\div341-1)\approx5.5$（个月），安装工程工期延长 $=12\times(117\div77-1)\approx6.2$（个月），总工期索赔 $=5.5+6.2=11.7$（个月）。

第五节　工程索赔报告

索赔报告的具体内容因索赔事件的性质和特点而有所不同，但从报告的必要内容和文字结构方面看，一个完整的索赔报告应包括以下四个部分。

1. 总论部分

总论部分包括：序言、索赔事项概述、具体索赔要求、索赔报告编写及审核人员名单。报告中首先应概要地论述索赔事件的发生日期与过程；施工单位为该索赔事件所付出的努力和附加开支；施工单位的具体索赔要求。总论部分的阐述要简明扼要。

2. 根据部分

本部分主要是说明自己具有的索赔权利，这是索赔能否成立的关键。具体内容因各个索赔事件的特点而异。根据部分应包括以下内容：索赔事件的发生情况、已递交索赔意向书的情况、索赔事件的处理过程、索赔要求的合同根据所附的证据资料。在写法结构上，该部分按照索赔事件发生、发展、处理和最终解决的过程编写，

明确全文引用有关的合同条款，使建设单位和监理工程师能清晰地了解索赔事件的始末，并充分认识该项索赔的合理性和合法性。

3. 计算部分

索赔计算的目的是以具体的计算方法和计算过程，说明自己应得经济补偿的款额或延长时间。如果说根据部分的任务是解决索赔能否成立，那么计算部分的任务就是决定承包人应得到多少索赔款额和工期。前者是定性的，后者是定量的。在款额计算部分，施工单位必须阐明下列问题：索赔款的要求总额；各项索赔款的计算；指明各项开支的计算依据及证据资料。施工单位应注意采用合适的计价方法。首先，应根据索赔事件的特点及自己所掌握的证据资料等因素来确定；其次，应注意每项开支款的合理性，并指出相应的证据资料的名称及编号。

4. 证据部分

证据部分包括该索赔事件所涉及的一切证据资料，以及对这些证据的说明。证据是索赔报告的重要组成部分，在引用证据时，要注意该证据的效力或可信程度。

第六节　工程索赔策略

一、索赔原则

（1）必须以合同为依据。企业应认真研究合同，对合同条件、协议条款等有详细的了解。遭遇索赔事件时，以合同为依据提出索赔要求，了解合同约定的赔偿范围、条件和方法，严格进行合同管理，为索赔提供充分的依据。

（2）及时提交索赔意向书。业主未能按合同约定履行自己的各项义务或者发生错误，给施工企业造成损失时，施工企业可按合同规定以书面形式向业主或发包人及时提出索赔。索赔意向书递交监理工程师后应经主管监理工程师签字确认，必要时施工单位负责人、现场负责人及现场监理工程师、主管监理工程师要一起到现场核对。

（3）必须注意资料的积累。索赔工作的特点是复杂性和多变性，而索赔成功的依据是各种完整的资料，这些资料来源于工程项目管理人员。索赔成功与否，有赖于项目管理系统的管理者对索赔所涉及的技术、质量、材料、劳动力、进度计划等诸多方面资料的收集、积累、分析和提出。只有有了可靠的资料，在编制索赔报告时才能让人信服，取得成功。因此，工程项目管理人员应积累一切可能涉及索赔论证的资料。施工企业与建设单位关于技术、进度和其他重大问题召开的会议应做好文字记录，并争取与会者签字，作为正式文档资料。同时应建立业务往来的文件档案编号等业务记录制度，做到处理索赔时以事实和数据为依据。

二、索赔策略

索赔策略是承包人经营策略的一部分。对于重大索赔，必须进行策略研究，以作为制订索赔方案、进行索赔谈判和解决的依据，以指导索赔小组工作。针对不同的情况，索赔的策略研究包含不同的内容、有不同的重点。以下从七个方面来分析承包商工程索赔策略。

1. 确定索赔目标

承包人的索赔目标即承包人的索赔基本要求，是承包人对索赔的最终期望，由承包人根据合同实施状况，以及所受的损失及其总的经营战略确定。在确定索赔目标的同时，还应分析各个项目目标实现的可能性，并作出书面分析报告。

在承包人提出索赔申请到业主批复索赔期间，承包人除了要进行认真的、有策略的索赔研究外，还应特别重视对工程项目的施工管理。此时，如果承包人能更顺利地、圆满地履行自己的合同职责，使业主对工程质量等各方面都满意，那么对索赔谈判会有积极的促进作用。

在施工索赔过程中存在的风险很多，主要有以下几种：

（1）承包人工作失误风险：承包人在履行合同责任时出现失误，这极有可能成为业主反驳的攻击点，如承包人没有在合同规定的索赔有效期内（通常为 28 天）提出索赔、没有完成合同规定的工程量，没有按合同规定的工期交付工程、工程没有达到合同所规定的质量标准、承包人在合同实施过程中有失误等。

（2）工程质量风险：如工程项目试运营时出现问题，工程不能顺利通过验收，已经出现并且可能还会出现的一些工程质量问题等。

（3）其他方面的风险：如业主可能提出合同处罚或索赔要求，或者其他可能不利于承包人索赔的证词或证据等。

2. 承包人的经营策略分析

承包人的经营策略直接制约着索赔策略和计划，在分析业主的目标、业主的情况及工程所在地（国）的情况后，承包人应考虑如下问题：

（1）业主有无新的工程项目以便与之开展新的业务合作。

（2）承包人是否打算在当地继续扩展业务，扩展业务的前景如何。

（3）承包人与业主之间的关系对承包人在当地扩展业务有何影响。

3. 承包人的对外关系分析

在合同实施过程中，承包人有多方面的合作关系，例如与业主、工程师、设计单位、业主的其他承包人和供应商、承包人的代理人或担保人、业主的上级主管部门或政府机关等。承包人对各方面要进行详细分析，利用这些关系，争取各方面的合作和支持，创造有利于承包人的条件，从各方面向业主施加影响，这往往比直接

与业主谈判更为有效。

4. 对对方索赔的估计

在工程问题比较复杂，有些索赔事件的发生双方可能都有责任，或工程索赔以一揽子方案解决的情况下，应对对方已提出的或可能提出的索赔进行分析和估算。承包人应对业主已经提出和可能提出的索赔项目进行分析，列出分析表，并分析其索赔要求的合理性。

5. 合同双方索赔要求对比分析

将分析结果列于同一表中，可以看出双方索赔要求的差异有两种情况：

（1）承包人提出索赔，其目的是通过索赔得到费用补偿，则双方估计值对比后，承包人应有余额。

（2）承包人为反索赔，其目的是反击业主的索赔要求，不给业主以费用补偿，则双方估计值对比后至少应平衡。

6. 隐蔽实际期望

在实际索赔解决过程中，对方对索赔解决的实际期望是很难暴露出来的。双方都把违约责任推给对方，均表现出对索赔有很高的期望，而将真实情况隐蔽，这是常用的一种策略，它的好处有：

（1）为自己在谈判中的让步留下余地。如果对方知道我方索赔的实际期望，就可能要求我方再作让步，致使我方在谈判中处于不利地位。

（2）有利于谈判的解决，而且能使对方对最终的解决方案有满足感。由于提出的索赔期望值较高，经过双方谈判，一方作了很大让步，好像受到很大损失，这使得对方索赔谈判人员对自己的反索赔工作感到满意，使问题易于解决。

7. 谈判过程分析

一般施工索赔最终都在谈判桌上解决。索赔谈判是合同双方面对面的较量，也是索赔取得成功的关键。索赔谈判应遵循一定的程序，可按下述步骤进行：

（1）谈判阶段。为了在一个友好和谐的气氛中将业主引入谈判，通常要从其关心的议题或对其有利的议题入手，根据业主感兴趣的问题制订相应的谈判方案。这个阶段的最终结果为达成谈判备忘录。承包人应将自己与索赔有关的问题纳入备忘录中。

（2）事态调查阶段。对合同实施情况进行回顾、分析、提出证据。这个阶段的重点是弄清事件的真实情况，承包人不要急于提出费用索赔要求，应多提出证据。

（3）分析阶段。对干扰事件的责任进行分析。此阶段谈判双方可能有不少争执，比如：对合同条文的解释不一致，双方各自提出事态对自己的影响及其结果，承包人提出工期和费用索赔。

（4）解决问题阶段。对于提出的索赔，双方讨论解决办法。双方经过协商达成一致，最终解决索赔问题。

第七节　工程索赔技巧

一、做好收集签证工作

有理才能走四方，有据才能行得端，按时才能不失效。所以，施工企业必须在施工全过程中及时做好索赔资料的收集、整理、签证工作。一般来说，工程索赔的依据包括：① 各种图文资料，如工程合同、施工图纸、工程量清单、技术规范；② 各种业务记录，如定期与业主代表的谈话记录资料、会议记录、来往信函、施工备忘录、工程照片、记工卡；③ 工程进度记录，如各种施工进度表、施工日志、进度日志、工程检查和验收报告、施工用料及设备的报表；④ 工程会计资料等。索赔成功的基础在于充分的事实、确凿的证据。而这些事实和证据来源于工程承包全过程的各个环节之中，应用心收集、整理好，并辅之以相应的法律法规及合同条款，使之真正成为成功索赔的依据。

施工企业中标后，应及时、谨慎地与发包人签订施工合同，应尽可能地考虑周详，措辞严谨，权利和义务明确，做到平等、互利。合同价款最好采用可调价格方式，并明确追加调整合同价款及索赔的政策、依据和方法，为竣工结算时调整工程造价和索赔提供合同依据及法律保障。施工企业在工程开工前应收集有关资料，包括工程场地的交通条件，施工现场的“三通一平”情况，供水、供电是否能够满足施工需要，水、电价格是否超过预算价，地下水位的高度，土质状况，是否有障碍物等。施工企业应组织各专业技术人员仔细研究施工图纸，互相交流，找出图纸中的疏漏、错误、不明确、不详细、不符合实际、各专业之间相互冲突等问题。

在图纸会审中应认真做好施工图会审纪要，因为施工图会审纪要是施工合同的重要组成部分，也是索赔的重要依据。

施工企业在施工过程中应及时进行预测性分析，发现可能发生索赔事项的分部分项工程。例如，遇到灾害性气候、发现地下障碍物、软弱基础或出土文物，以及征地拆迁、施工条件等外部环境影响等；业主要求变更施工项目的局部尺寸及数量或调整施工材料、更改施工工艺等。

停水、停电时间超过原合同规定时限；因业主或监理单位要求延缓施工或造成工程返工、窝工、增加工程量等。以上这些事项均是提出索赔的充分理由，都应做好收集签证工作。

二、及时处理索赔资料

首先，在施工过程中，承包人应坚持以监理及业主的书面指令为主，即使在特

殊情况下必须执行其口头命令，也应在事后立即要求其用书面文件确认，或者致函监理及业主确认。其次，承包人应做好施工日志、技术资料等施工记录。每天应有专人记录，并请现场监理工程人员签字；当造成现场损失时，还应做好现场拍照、摄像的工作，以达到资料的完整性；对停水、停电，甲供材料的进场时间、数量、质量等，都应做好详细记录；对设计变更、技术核定、工程量增减等，签证手续要齐全，确保资料完整；业主或监理单位的临时变更、口头指令、会议研究、往来信函等应及时收集，并整理成文字，必要时还可对施工过程进行摄影或摄像。又如业主指定或认可的材料或用新材料，实际价格高于预算价（或投标价），按合同规定允许按实补差的，应及时办理价格签证手续。凡采用新材料、新工艺、新技术施工，没有相应预算定额计价时，应收集有关方面的造价信息或征询有关造价部门的意见，做好结算依据的准备。最后，施工企业在施工中需要更改设计或施工方案的也应及时做好修改、补充签证。如施工中发生工伤、机械事故，应及时记录现场的实际状况，分清责任；事故对人员、设备的闲置，工期的延误以及对工程的损害程度等，都应及时办理签证手续。要十分熟悉各种索赔事项的签证要求，特别是一些隐蔽工程、挖土工程、拆除工程，都必须及时办理签证手续。这些都是工程索赔的原始凭证，应分类保管。同时及时编制和提交索赔报告，编制索赔报告时应实事求是、准确无误、文字简练、组织严密、资料充足、条例清晰。

三、正确处理相互关系

承包人要处理好与业主和监理工程师之间的关系。索赔必须取得监理工程师的认可，索赔的成功与否，监理工程师起着关键性作用。索赔直接关系到业主的切身利益，承包人索赔的成败在很大程度上取决于业主的态度。因此，承包人要正确处理好与业主、监理工程师的关系，在实际工作中树立良好的信誉。

古人云：人无信不立，事无信不成，业无信不兴。诚信是整个社会发展成长的基石。应健全企业内部管理体系和质量保证体系，诚信服务，确保工程质量，树立品牌意识，加大管理力度，在业主与监理工程师的心目中赢得良好的信誉。比如，施工现场秩序井然，场容整洁；项目经理做到有令即行，有令即止。对业主或监理工程师的过失，承包人应表示理解和同情，用真诚换取对方的信任和理解，以创造索赔的平和气氛，避免感情上的障碍。

四、重视运用谈判技巧

谈判技巧是索赔谈判成功的重要因素，要使谈判取得成功，必须做到以下几点：

（1）事先做好谈判准备。知己知彼，百战不殆。认真做好谈判准备是促成谈判成功的首要因素，在同业主和监理工程师开展索赔谈判时，应事先研究谈判策略、统一谈判口径。谈判人员应在统一的原则下，根据实际情况采取灵活的应变策略，以争取主动权。谈判中要注意：① 维护谈判组长的权威；② 不能捡芝麻丢西瓜，不要斤斤计较；③ 控制主动权，并留有余地。谈判的最终决策者应是承包商的领导人，可实行幕后指挥，以防陷入僵局和被动。

（2）注意谈判的艺术和技巧。实践证明，在谈判中采取强硬态度或软弱立场都是不可取的，难以获得令人满意的效果。因此，采取刚柔相济的立场，既能掌握原则性，又具有灵活性，才能应付复杂的谈判局面。在谈判中要随时研究和掌握对方的心理，了解对方的意图；不要使用尖刻的话语刺激对方，伤害对方的自尊心，要以理服人，取得对方的理解；善于利用机遇，因势利导，用长远合作的利益来启发和打动对方；该争的要争，该让的要让，使双方有得有失，寻求折中的办法；要有经受挫折的思想准备，决不能首先退出谈判，发脾气；对存在分歧的意见，应适当地考虑对方的观点，共同寻求解决办法等。

总之，索赔工作关系着施工企业的经济利益。所有施工管理人员都应重视索赔工作，必须做到：理由充分，证据确凿，按时签证，讲究谈判技巧，并把索赔工作贯穿于施工的全过程。

第八章

增值税下工程造价疑难点

第一节　不同计价方式下的工程造价

一、清单计价方式

目前，《建设工程工程量清单计价规范》（GB 50500—2013）是为规范建设工程施工发承包计价行为，统一建设工程工程量清单的编制和计价方法而制定的。它适用于建设工程施工发承包计价活动，主要内容包括招标工程量清单、招标控制价、投标报价、工程计量、合同价款调整、合同价款结算与支付以及工程造价鉴定等工程造价文件的编制与核对。

1．工程量清单

工程量清单是指建设工程的分部分项工程项目、措施项目、其他项目、规费项目和税金项目的名称和相应数量等的明细清单。工程量清单在招标中同招标文件一同发售给投标人，由发包人或其委托的造价咨询机构编制，其综合单价末标价，留待投标人报价。

工程量清单的组成部分如下：

（1）项目编码，是指分部分项工程量清单项目名称的数字标识。

（2）项目名称，是指分部分项工程量清单项的名称。

（3）项目特征，构成分部分项工程量清单项目、措施项目自身价值的本质特征。

（4）清单工程量，即工程的实物数量，是以物理计量单位或自然计量单位所表示的各个分项或子分项工程和构配件的数量。清单工程量由招标人计算并提供。

（5）综合单价，是指完成一个规定计量单位的分部分项工程量清单项目或措施清单项目所需的人工费、材料费、施工机械使用费和企业管理费与利润，以及一定范围内的风险费用。投标时，综合单价又叫投标报价，就是在给出的工程量清单的基础上，根据清单的项目特征，正确套用符合项目特征描述的工程定额。

（6）措施项目，是为完成工程项目施工，发生于该工程施工准备和施工过程中的技术、生活、安全、环境保护等方面的非工程实体项目。措施项目又包括可以计算工程量部分和按费率计取部分，其中，可以计算工程量部分的计价方式同分部分项工程量清单项目，如脚手架、模板等；按费率计取部分是以分部分项或人工合计为基础，乘以相应费率计取。

（7）暂列金额，是指招标人在工程量清单中暂定并包括在合同款中的一笔款项。用于施工合同签订时尚未确定或者不可预见的所需材料、设备、服务的采购，施工中可能发生的工程变更、合同约定调整因素出现时的工程价款调整以及发生的索赔、现场签证确认等的费用。

（8）暂估价，是指招标人在工程量清单中提供的用于支付必然发生但暂时不能确定价格的材料、工程设备的单价以及专业工程的金额。

（9）计日工，是指在施工过程中，承包人完成发包人提出的施工图纸以外的零星项目或工作，按合同中约定的综合单价计价的一种方式。

（10）总承包服务费，是指总承包人为配合协调发包人进行的专业工程分包，发包人自行采购的设备、材料等进行保管以及施工现场管理、竣工资料汇总整理等服务所需的费用。

（11）规费，是指根据省级政府或省级有关权力部门规定必须缴纳的，应计入建筑安装工程造价的费用。

（12）税金，是指国家税法规定的应计入建筑安装工程造价内的营业税、城市维护建设税以及教育费附加等。

2. 招标控制价

招标控制价是指招标人根据国家或省级、行业建设主管部门颁发的有关计价依据和办法，以及拟定的招标文件和招标工程量清单，编制的招标工程的最高限价。招标控制价的作用决定了招标控制价不同于标底，无须保密。为体现招标的公平、公正，防止招标人有意抬高或压低工程造价，招标人应在招标文件中如实公布招标控制价，不得对所编制的招标控制价进行上浮或下调。

3. 标底

标底是指招标人根据招标项目的具体情况编制的完成招标项目所需的全部费用，是依据国家规定的计价依据和计价办法计算出来的工程造价，是招标人对建设工程的期望价格。一个工程只能编制一个标底。工程标底价格完成后应及时封存，在开标前应严格保密，所有接触过工程标底价的人员都负有保密责任，不得泄露。

4. 投标价

投标价是指投标人投标时根据招标文件、工程量清单、施工图纸以及其他规范文件报出的工程造价。

二、建设工程定额

（一）定额介绍

建设工程定额是指在正常的施工条件和合理劳动组织、合理使用材料及机械的条件下，完成单位合格产品所必须消耗资源的数量标准，其中资源主要包括在建设生产过程中投入的人工、机械、材料和资金等生产要素。建设工程定额反映了工程建设投入与产出的关系，它一般除了规定的数量标准以外，还规定了具体的工作内容、质量标准和安全要求等。建设工程定额是工程建设中各类定额的总称。

（二）定额分类

1. 按生产要素内容分类

（1）人工定额，又称为劳动定额，是指在正常的施工技术条件下，完成单位合格产品所必需的人工消耗量标准。

（2）材料消耗定额，是指在合理和节约使用材料的条件下，生产合格单位产品所必需消耗的一定规格的材料、成品、半成品和水、电等资源的数量标准。

（3）施工机械台班使用定额，又称为施工机械台班消耗定额，是指施工机械在正常施工条件下完成单位合格产品所必需的工作时间。它反映了在单位时间内合理、均衡地组织劳动和使用机械的生产效率。

2. 按编制程序和用途分类

（1）施工定额。施工定额是以同一性质的施工过程——工序作为研究对象，表示生产产品数量与时间消耗综合关系编制的定额。施工定额是工程建设定额总分项最细、定额子项最多的一种企业性质定额，属于基础性定额。它是编制预算定额的基础。

（2）预算定额。预算定额是以建筑物或构筑物各个分部分项工程为对象编制的定额。预算定额是以施工定额为基础综合扩大编制的，同时也是编制概算定额的基础。

（3）概算定额。概算定额是以扩大的分部分项工程为对象编制的。

（4）概算指标。概算指标是概算定额的扩大与合并，它是以整个建筑物和构筑物为对象，以更为扩大的计量单位来编制的。

（5）投资估算指标。投资估算指标是在项目建议书和可行性研究阶段编制的投资估算、计算投资需要量时使用的一种指标，是合理确定建设工程项目投资的基础。

3. 其他分类方式

定额按主编单位和管理权限可分为全国统一定额、行业统一定额、地区统一定额、企业定额和补充定额五种；按专业性质可分为通用定额、行业通用定额和专业专用定额三种。

三、造价文件编制

造价是一项专业性、技术性比较强的工作，它不仅要求工程预算人员具有较强的专业素质，能够熟练运用清单、定额计价规则及其他工程造价相关规范，还需要有长时间的工作积累和磨炼。初学造价者可以按以下步骤编制造价文件：

（1）收集基础资料。主要收集施工图预算的编制依据，包括施工图纸、有关的通用标准图图纸会审记录、设计变更通知、施工组织设计、预算定额、取费标准及市场材料价格等资料。

（2）熟悉施工图等基础资料。编制施工图预算前，应熟悉并检查施工图纸是否齐全、尺寸是否清楚，了解设计意图，掌握工程全貌。另外，针对要编制预算的工程内容搜集有关资料，包括熟悉并掌握预算定额的使用范围、工程内容及工程量计算规则等。

（3）了解施工组织设计和施工现场情况。编制施工图预算前，应先了解施工组织设计中影响工程造价的有关内容。例如，各分部分项工程的施工方法，土方工程中余土外运使用的工具、运距，施工平面图中建筑材料、构件等堆放点到施工操作地点的距离等，以便能正确计算工程量和正确套用或确定某些分项工程的基价。这对于正确计算工程造价、提高施工图预算质量，有着重要意义。

（4）工程量计算。应严格按照图纸尺寸、现行清单与定额规定的工程量计算规则，遵循一定的顺序逐项计算工程量。计算各分部分项工程量前，最好先列项，也就是按照分部工程中各分项清单项的顺序，先列出单位工程中所有分项清单的名称，再逐个计算其工程量。这样可以避免工程量计算中出现盲目或混零的状况，使工程量计算工作有条不紊地进行，也可以避免出现漏项和重项的现象。

（5）汇总工程量、套用预算定额基价（预算单价）。各分项工程量计算完毕，并经复核无误后，按清单规定的分部分项工程顺序逐项汇总，然后将汇总后的工程量抄入工程预算表内，并把计算项目的相应定额编号、计量单位、预算定额基价以及其中的人工费、材料费、机械台班使用费填入工程预算表内。

（6）计算直接工程费。计算并汇总各分项工程直接费，即为一般土建工程定额直接费，再以此为基数计算其他直接费、现场经费，求和即可得出直接工程费。

（7）计取各项费用。按取费标准（或间接费定额）计算间接费、利润、税金等费用，求和得出工程预算价值并填入预算费用汇总表中。同时，计算技术经济指标，即单方造价。

（8）进行工料分析。计算出该单位工程所需要的各种材料用量和人工工日总数，并填入材料汇总表中。这一步骤通常与套用定额单价同时进行，通常还要进行人工、材料、机械价差调整。

（9）编写编制说明、填写封面、装订成册。

以上为手工编制预算的步骤，现在大部分都是用软件计价，其区别从第（4）步开始。后者在第（4）步中除计算工程量外，还需要利用软件列清单项；在第（5）步中，后者将汇总好的工程量填入软件清单列项中，并根据清单描述套用合适的定额；在第（6）步中，后者按现行规定调整取费，按信息价调整人工、材料、机械价差即可，软件可自动生成各种分析表格；在第（7）步中，后者可选取表格并打印装订成册。

第二节　营改增政策解读

一、营改增政策概述

自2016年5月1日起，我国已全面实施营业税改增值税（以下简称“营改增”），使得营业税退出历史舞台，增值税制度更加规范。

“营改增”政策的实施，将使建筑行业所有环节都缴纳增值税，环环相扣，层层抵消，人工、材料和机械等全都实现价税分离，这要求在信息价和市场价的采集方面都要考虑增值税的因素，计价过程的复杂程度进一步提高，但计价体系会更加完善，实现价税彻底分离。

二、营改增基础知识

1. 征收率与税率

征收率类似于营业税，按照销售额计算应纳税额，不能抵扣进项税额，一般为3%，特殊为5%。简易计税方法适用于小规模纳税人或特定一般纳税人。

按照销售额计算销项税额，可以通过进项税额抵扣，不同行业税率不同，分为17%、11%、6%、0%四挡（生产企业为13%），一般计税方法适用于一般纳税人。

2. 销项税额

销项税额是指纳税人发生应税行为，按照销售额和增值税税率计算并收取的增值税额。销项税额的计算公式如下：

$$销项税额=销售额\times税率$$

其中，销售额就是商品价值，不包含增值税和进项税。

3. 进项税额

进项税额是指纳税人购进货物，接受加工修理修配劳务、服务，取得无形资产或者不动产，支付或者负担的增值税额。进项税额的计算公式如下：

$$进项税额=税前购买价格\times增值税税率$$

例如，某施工单位采购 100 t 钢筋，钢筋不含税的价格为 2500 元/t，增值税税率为 17%，那么施工单位采购此批钢筋的进项税额 = 2500×100×17% = 42500 元。

4. 计税方法

营改增后的计税方法有两种：一般计税方法和简易计税方法。相应的工程造价计价方法也是在这两种计税方式下进行的。

（1）一般计税方法的应纳税额是指当期销项税额抵扣当期进项税额后的余额。应纳税额的计算公式如下：

应纳税额 = 当期销项税额 - 当期进项税额

对于建筑行业，一般计税方法的税率为 11%。

（2）简易计税方法的应纳税额是指按照销售额和增值税征收率计算的增值税额，不得抵扣进项税额。应纳税额的计算公式如下：

应纳税额 = 销售额×征收率

对于建筑行业，简易计税方法的征收率为 3%。

三、营改增适用范围

合同开工日期在 2016 年 5 月 1 日（含）后的房屋建筑和市政基础设施工程，应执行营改增后的计价方式。

作为过渡，开工日期在 2016 年 4 月 30 日前的建筑工程（简称老项目），施工单位可以选择简易计税方法或一般计税方法。

四、计税方法选择

1. 计税方法的比较

对于建筑行业，一般计税方法的税率为 11%，而简易计税方法的征收率为 3%，费率相差很大。但是，衡量建筑行业企业税负的不是税率。对于一般计税方法来说，建筑企业所交的税额 = 税前工程造价×11% - 进项税额，其中，进项税额为施工单位为本工程建设所采购的钢筋、水泥、混凝土、地砖等材料的进项增值税发票额。该数额往往很大，有时候甚至大于税前工程造价×11% 的金额。这对施工单位非常有利。而对于简易计税方法来说，税前工程造价×3% 就是建筑企业所缴纳的税款。在施工期间，采购材料、设备等的增值税发票不准抵扣。

2. 税负率

税负率是指增值税纳税义务人当期应纳增值税占当期应税销售收入的比例。对简易计税方法来说，税负率就是征收率 3%，而对一般计税方法来说，由于可以抵扣进项税额，税负率就不是 17% 或 13%，而是远远低于该比例。增值税税负率的计算公式如下：

$$增值税税负率=\frac{税前工程造价\times 11\%-进项税额}{税前工程造价}=11\%-\frac{进项税额}{税前工程造价}$$

因此，可以进行如下比较：

若进项税额/税前工程造价≥8%，则增值税税负率小于3%，一般计税方法计算的纳税额少于简易计税方法计算的。

若进项税额/税前工程造价<8%，则增值税税负率大于3%，简易计税方法计算的纳税额少于一般计税方法计算的。

第三节　营改增后工程造价分析

一、营改增后工程造价的构成

1. 直接费的组成及计算方法

（1）人工费无进项税，不需要调整。

（2）材料（设备）单价中有除税市场信息价的计入除税市场信息价。信息价中缺项材料通过市场询价计入不含可抵扣增值税进项税的市场价格。若为含税市场价格，根据财税部门规定选择适用的增值税税率（或征收率），并结合供货单位（应税人）的具体身份所能开具增值税专用发票的实际情况，根据“价税分离”计价规则对其市场价格进行除税处理。除税价格计算公式如下：

$$除税价格=\frac{含税价格}{1+税率/征收率}$$

各项材料适用税率，可根据供货单位开具增值税专用发票上载明的税率准确选取。材料预算单价包括材料原价、运杂费、运输损耗费、采购及保管费四项费用。材料原价进项税额原则上按货物适用增值税税率17%、13%和征收率3%计算；运杂费进项税额原则上按交通运输业增值税税率11%计算；运输损耗费进项税额以材料原价进项税额和运杂费进项税额之和乘以运输损耗率计算；采购及保管费原则上应考虑进项税额抵扣。

（3）施工机械台班单价按《工程造价信息》（营改增版）中除税市场信息价计入。信息价中缺项机械台班单价通过市场询价计入不含增值税进项税的市场价格。

2. 税前工程造价

税前工程造价为人工费、材料费、施工机具使用费、企业管理费、利润和规费之和，各费用项目均以不包含增值税（可抵扣进项税额）的价格计算。税前工程造价的计算公式如下：

$$税前工程造价=直接费+企业管理费+利润+规费$$

清单计价方式的税前工程造价计算公式如下：

税前工程造价=分部分项工程费+措施项目费+其他项目费

3. 工程造价

税金（增值税销项税额）的计算方法，根据具体适用的计税方法选用增值税税率11%或征收率3%计算。

一般计税方法中，工程造价可按以下公式计算：

工程造价=税前工程造价×（1+11%）

式中，11%为建筑业适用增值税税率。

由此，税金的计算公式如下：

税金=税前工程造价×（税率/征收率）

或

$$税金=\frac{工程造价}{（1+税率/征收率）\times（税率/征收率）}$$

二、营改增前后工程造价分析

增值税模式下的工程计价规则相对于营业税下的工程计价规则而言，主要存在两方面的区别：一是计价价格形式不同，两种税制下的费用计价价格发生变化，营业税下费用项目是价内税，增值税下费用项目以不含税价格计入；二是税金计取内容不同，营业税下工程造价中的税金以纳税额（含税工程造价）为基数，增值税下工程造价中的税金以不含税销售额（不含税工程造价）计取。

第四节　营改增的影响及对策

一、对建筑行业的影响

1. 营改增对建筑行业影响的根源

（1）增值税是价外税，即价和税分开核算。

（2）增值税应纳税额=销项税额-进项税额。

（3）增值税纳税人和税率较为复杂。

（4）增值税发票采用“三流合一”原则（票、钱、货或服务）：票是谁开的，就要从谁处接受服务或者购买货物，还要把钱打给谁；票开给谁，就要给谁提供服务或者销售给谁货物，还要从对方收钱。

2. 对工程管理模式的影响

工程项目现阶段管理模式主要有以下几种：

（1）自管模式，是指建筑企业以自己的名义中标，并设有指挥部管理项目，不

属于子公司成立项目部参建的模式。

（2）代管模式，是指子公司以母公司的名义中标，中标单位不设立指挥部，直接授权子公司成立项目部代表其管理项目的模式。

（3）平级共享模式，是指平级单位之间资质共享，如二级单位之间、三级单位之间，中标单位不设立指挥部，直接由实际施工单位以中标单位的名义成立项目部管理项目的模式。

营改增对工程管理模式的影响分析：

（1）合同签订主体与实际施工主体不一致，进销项税无法匹配，无法抵扣进项税。

（2）中标单位与实际施工单位之间无合同关系，无法建立增值税抵扣链，影响进项税抵扣。

（3）内部总分包之间不开具发票，总包方无法抵扣分包成本的进项税。

3. 对企业架构的影响

大型建筑企业集团一般均拥有数量众多的子、分公司及项目机构，管理上呈现多个层级，且内部层层分包的情况普遍存在。税务管理难度和工作量增加，主要表现为：多重的管理层级和交易环节造成多重的增值税征收及业务管理环节，从而加大了税务管理的难度及成本。

二、对投标市场的影响

（1）《全国统一建筑工程基础定额与预算》部分内容需修订，建设单位招标概预算编制也将发生重大变化，相应的设计概算和施工图预算编制也应按新标准执行，对外发布的公开招标书的内容也要有相应的调整。

（2）这种变化使建筑企业的投标工作变得复杂化。

（3）企业施工预算需要重新修改，企业的内部定额也要重新编制。

（4）对建造产品造价产生全面又深刻的影响。

（5）合同签订方与实际适用方名称不一致，营改增后无法实现进项税额抵扣。

三、对材料、设备管理的影响

（1）建筑业的人工费、材料费、机械租赁费、其他费用等大量成本费用进项，由于各种原因难以取得增值税进项专用发票，从而难以或无法抵扣。

（2）各地大量自产自用的材料无法取得可抵扣的增值税进项专用发票。很多施工用的建筑材料（零星材料和初级材料，如砂、石等），因供料渠道大多为小规模企业或个体、私营企业及当地老百姓个人，通常只有普通发票甚至只能开具收据，难以取得可抵扣的增值税专用发票。

（3）工程成本中的自有机械设备的使用费和外租机械设备的租赁费一般都开具普通服务业发票。

（4）甲供、甲控材料费的抵扣存在困难。

（5）建筑企业税改前购置的大量原材料、机器设备等，由于都没有实行增值税进项税核算，全部被作为成本或资产原值无法抵扣相应的进项税，造成严重的虚增增值额，导致税负增加。

四、对工程造价的影响

（1）营改增对建筑工程的影响较大，经测算施工单位成本增加约3%（砂、石、普通混凝土增值税的征收率为3%，其增值税专用发票的开具较为困难，即使抵扣后也要缴纳约8%的增值税）。

（2）营改增后由于计算基数的降低导致营业收入大幅度降低，预计下降9.91%，导致净利润率或将大幅度下降。营改增之后，要求企业提升管理水平，精细化管理，从长远来说有利于企业发展，但在短期内可能使税负上升并导致企业的净利润率严重下滑，甚至可能出现整体性亏损。

第九章

工程造价的其他业务

第一节　工程造价司法鉴定

一、工程造价司法鉴定的概念

工程造价司法鉴定是指依法取得有关工程造价司法鉴定资格的鉴定机构和鉴定人受司法机关或当事人委托，依据国家的法律、法规以及中央和省、自治区及直辖市等地方政府颁布的工程造价定额标准，针对某一特定建设项目的施工图纸及竣工资料来计算和确定某一工程价值并提供鉴定结论的活动。

建筑工程是一种特殊的产品，纠纷产生的原因有很多，导致工程造价司法鉴定的复杂性。建筑市场承包商之间的竞争十分激烈，垫资承包、阴阳合同、拖欠工程款、现场乱签证、工程质量低劣等社会现象在诉讼活动中全部折射出来，鉴定难度大。近几年来，因建筑工程造价纠纷引起的民事诉讼案件逐年增多，因而也就出现了诉讼中的工程造价司法鉴定问题。

工程造价司法鉴定既是工程造价咨询业务技术性工作，也是司法审判工作的重要证据，因此，工程造价司法鉴定的工作程序必然具有两者结合的特点。

二、工程造价司法鉴定的委托和受理

1. 委托主体、委托方式及内容

委托主体为各级司法机关、公民、法人和其他组织。目前，以各级人民法院、仲裁委员会作为委托主体的比较普遍。委托方式一般采用委托书，委托书采取书面形式。委托内容包括受委托单位名称、委托事项、鉴定要求（包括鉴定时限）、简要案情、鉴定材料。

2. 对送鉴材料的要求

送鉴材料包括以下几方面：

（1）诉讼状与答辩状等卷宗。

（2）工程施工合同、补充合同。

（3）招标发包工程的招标文件、投标文件及中标通知书。

（4）承包人的营业执照、施工资质等级证书。

（5）施工图纸、图纸会审记录、设计变更、技术核定单、现场鉴证。

（6）视工程情况所必须提供的其他材料。

司法机关委托鉴定的送鉴材料应经双方当事人质证认可，复印件由委托人注明与原件核实无异。其他委托鉴定的送鉴材料，委托人应对材料的真实性承担法律责任。送鉴材料不具备鉴定条件或与鉴定要求不符合，或者委托鉴定的内容属国家法律法规限制的，可以不予受理。

3. 受理主体、受理方式

受理主体为法律法规明确规定可以从事司法鉴定工作的机构。如果在建筑市场管理条例中明确规定，该省、直辖市工程造价管理部门应当对工程造价争议进行调解和鉴定，那么这些省、直辖市的工程造价管理部门，就属于地方法规已明确规定可以从事工程造价司法鉴定的机构。有工程造价咨询资质的中介机构，经司法部门认可，取得司法鉴定资格或批准入册的也可以从事工程造价司法鉴定。

工程造价司法鉴定的受理，必须以工程造价司法鉴定机构的名义接受委托。鉴定机构在接受委托书后，对符合受理条件的应及时决定受理。不能及时受理的，应在7天内对是否受理作出决定。

凡接受司法机关委托的司法鉴定，工程造价司法鉴定机构只接受委托人的送签材料，不接受当事人单独提供的材料。

不属于司法机关委托的司法鉴定，委托方和受理方应签订“司法鉴定委托受理协议”。

三、工程造价司法鉴定的实施

工程造价司法鉴定的基本程序可分为两个基本阶段：第一阶段以委托和受理为开端，以出具司法鉴定初稿为结束。司法鉴定人的主要任务是收集工程造价鉴定计算的事实依据，依据有效的证据进行专业鉴定计算。第二阶段从当事人对司法鉴定初稿提出书面异议开始，到庭审质证后结束。其主要目的是通过当事人对鉴定报告提出异议，解决工程造价依据的事实问题、计算准确性问题、适用的规范问题，司法鉴定人在充分听取当事人的申辩及对报告异议的基础上，根据委托鉴定的内容，对鉴定报告初稿进行修改，出具工程造价司法鉴定报告。

1. 第一阶段的具体程序

（1）接受鉴定委托、受理委托后确定工程造价司法鉴定人员。

（2）查阅案卷。查阅案卷是进行工程造价司法鉴定的首要工作。在一般的建筑工程造价审计中，结论大多是固定的、格式化的，而在司法鉴定中的工程造价问题具有特殊性和个别性，只有在深入了解案卷的基础上，才能有正确的思路，明确争诉的焦点，为鉴定工作的开展奠定基础。

（3）召开当事人会议，并做好询问笔录（若当事人申请鉴定人回避，则重新确定工程造价司法鉴定人员）。

（4）现场勘探和证据调查。这是工程造价司法鉴定中的一个重要环节，它直接影响鉴定结果的正确性。对一些在案件上无法真实反映的工程事实，鉴定人必须到现场勘探、调查，并做好相关记录，可辅之以拍照、录像等方式。若鉴定人在鉴定过程中存在质疑问题，可向当事人发出询证函，并要求对方在规定期限内答复。

（5）工程量计算、定额套用、费用计取和造价计算。

（6）出具司法鉴定初稿。

2. 第二阶段的具体程序

（1）当事人对司法鉴定初稿提出书面异议。

（2）听证质疑（当事人提出异议主张及证据，并对其进行申辩陈述）。司法鉴定人应全面、认真地听取当事人的异议、反驳申辩理由，并做好相应的记录。

（3）工程造价司法鉴定人员对司法鉴定初稿进行审查、修改。

（4）出具鉴定报告。

（5）庭审质证。出庭质证是鉴定人的基本义务，也是力求使司法机关采信鉴定结论的过程。在庭审过程中，针对当事人对鉴定报告的异议，鉴定人应当庭出示在鉴定过程中使用的法律、法规、依据，支持鉴定结论的成立。经法庭质证后，若鉴定结论不被采信的，鉴定人应当尊重司法机关的采信权；对在庭审中出现的新的鉴定证据，鉴定人应尽快作出补充鉴定结论。

四、工程造价司法鉴定意见书

工程造价司法鉴定意见书是工程造价司法鉴定实施的最终结果，是委托人要求提供的重要诉讼证据。因此，司法鉴定文书必须概念清楚、观点明确、文字规范、内容翔实。

（1）基本情况。主要介绍建筑工程概况、施工合同及招标投标情况，引起造价纠纷的原因，委托方及委托鉴定的要求等。

（2）鉴定流程。主要介绍鉴定工作的基本流程及事项，例如：

××××年××月××日，收到××××人民法院鉴定委托函和鉴定相关资料；

××××年××月××日，由承办法官组织，鉴定单位与原被告双方共同进行了现场勘察，此日期是鉴定基准日；

××××年××月××日至××××年××月××日，根据双方当事人提交的资料和现场勘察记录，经过仔细分析、计算、核对形成鉴定意见书初稿并提交双方当事人；

××××年××月××日至××××年××月××日，经与双方当事人联系沟通后，形成本鉴定意见书。

（3）鉴定依据。详细地列出鉴定所依据的基础资料，如施工合同、施工图纸、设计变更、现场签证、执行的计价依据、材料价格、现场勘验记录、案情调查会议纪要等。

（4）鉴定说明。即鉴定依据的说明，如采用的定额、取费类别、材料价格、施工形象进度等；对有争议部分的实质性问题，根据送鉴材料、现场勘验记录和有关政策规定客观地评价当事人双方各自应承担的责任。

（5）争议费用说明。原告主张的部分费用，因当事人未提供图纸等相关资料（视案件情况具体描写），不具备鉴定条件，鉴定结论中按原（被）告主张金额列为争议项目，并对以上争议项目费用（直接工程费、其他费用）的构成和计算的标准作出详细的解释（已更改）。

（6）鉴定结论意见。根据鉴定要求，明确列出属于鉴定范围内的工程造价鉴定结论，并列出适合各专业造价、单方造价、主要材料消耗量的鉴定造价汇总表。

（7）其他必要的附件，如现场勘验的照片、勘验记录等。

第二节 工程审计

一、工程审计概述

工程审计是指由独立的审计机构和审计人员，依据国家现行法律法规和相关审计标准，运用审计技术，对工程项目建设全过程的技术经济活动、建设行为及工程结果进行监督、评价和鉴证的活动。

工程审计包括工程造价审计和竣工财务决算审计两大类型。

工程造价审计一般是对单项、单位工程的造价进行审核，其审计过程与乙方的决算编制过程基本相同，即按照工程量套用定额。这由造价工程师完成。

对于建设单位来说，由于造价审计只是审核单项、单位工程的合同造价，一个建设项目的总的支出是由很多单项、单位工程组成的，而且还有很多支出，如前期开发费用、工程管理杂费等是不需要造价审计的，所以还要进行竣工财务决算审计，就是将造价工程师审定的和未经造价工程师审核的所有支出加在一起，审查其是否

有不合理支出，是否有挤占建设成本和计划外建设项目的现象等，最终确定建设项目的总的造价。这由注册会计师完成。

二、审计准备工作

（1）接受审计任务，了解项目工程概况及外围情况，确定服务指导思想，查阅并收集该项目有关资料，按实际情况重点收集与审计项目相关的政府政策、法规、规范文件、市场价格信息等资料。

（2）对被审计单位进行审前调查。审前调查应包含以下几点：

① 项目立项依据、概算批复、投资建设资金来源、建设规模、建设期等情况。

② 建设项目设计、监理、施工、物资采购等招标投标情况。

③ 征地拆迁实施情况及资金安排情况。

④ 建设单位内控制度建立、实施情况。

⑤ 监理、设计、施工管理制度及工作情况。

⑥ 工程进度、工程计量及支付情况。

⑦ 资金到位情况及工程价款、待摊投资、建设管理费、购置固定资产等的支付情况。

⑧ 以前接受审计的情况等。

（3）确定审计的工作内容、对象及重点，起草工程审计工作的实施方案。方案中应包括以下内容：

① 审计工作目标。

② 编制依据。

③ 审计范围与对象。

④ 审计内容与重点。

⑤ 审计组人员分工及时间安排。

⑥ 关键审计步骤和审计方法。

⑦ 风险控制方案。

⑧ 预定审计工作的起止时间以及提供阶段性审计报告的时间等。

（4）确定项目工程审计实施方案，核定审计人员及工作方案，同时联系委托方进行审前准备。

三、项目各阶段审计内容

（一）立项阶段

在立项阶段，审计内容包括：审查投资立项前期决策程序的合规性；审查可行性研究报告的真实性，包括市场预测方法与数据的合理性、真实性，估算的历史价格、成本水平的真实性等；对可行性研究报告的完整性进行审核，与《投资项目可行性研究指南》进行对比，审核内容是否齐全；对可行性研究报告的科学性进行审计，对参与机构及人员的资质、资料来源、资源配备、是否多方案决策、是否符合国家政策进行审核；对可行性研究报告投资估算与资金筹措进行审计；对可行性研究报告财务评价进行审计；对委托单位的内部控制进行审计，审查其内部组织机构及相关权责是否健全；审核委托单位的工作制度及工作流程是否完备；对项目投资估算进行审核，具体审核投资匡算、估算的依据；审核投资匡算、估算是否准确到位。

（二）设计阶段

1. 对勘察设计管理进行审计

（1）对勘察设计单位选择方式的审计。

（2）审计勘察设计单位及从业人员的资质。

（3）对设计、勘察合同的审计。

（4）对设计勘察内容、收费的审计。

（5）对勘察范围、深度、质量的审计。

（6）对设计任务书的审计。

（7）对初步设计的审计。

（8）对施工图设计的审计。

（9）对设计变更管理的审计。

（10）对设计资料管理的审计。

2. 对设计概算进行审计

（1）检查概算编制依据的合法性等。

（2）检查建设单位组织概算会审的情况。

（3）检查概算文件、概算的项目与初步设计方案的一致性。

（4）检查计价方式方法的合理性。

（5）检查初步设计概算费用构成的完整性与编制深度。

（6）检查概算计算的准确性，各项综合指标和单项指标与同类工程技术经济指标进行对比，检查是否合理，有无重复及漏计。

（三）项目开工阶段

1. 招标管理审计

（1）招标条件审计：施工图纸的设计深度是否足够、初步设计是否审批、资金是否落实等。

（2）审计设计、施工、监理有无公开招标，有无化整为零、规避招标投标的行为。

（3）招标前准备工作审计：招标内控体系建立情况；招标代理；调研；招标公告。

（4）招标文件、控制价的审计：内容是否合法、完整；标的物描述是否明确；清单及控制价编制是否准确。

（5）评标、开标、定标审计：评标标准；开标程序；评标程序；定标程序。

2. 合同管理审计

（1）审计合同管理体系是否完备，关注部门、岗位、制度、流程、台账等。

（2）审计合同主体的资质与履约能力。

（3）审计合同条款有无实质性违背招标文件的相关约定。

（4）审计合同文本是否合适，条款是否完整、严谨。着重审计以下方面：合同文本选择；施工范围；工期；质量；工程结算方式；变更洽商与索赔；业主免责条款；对承包商的约束条款；技术措施费；总包管理费；履约保函与预付款保函；进度付款比例。

3. 工程量清单与控制价审计

（1）审计工程量清单的完整性、规范性。

（2）审计工程量的准确性及完整性。

（3）审计分部分项特征描述的全面性、准确性、规范性。

（4）审计暂列金额、暂估专业工程、暂估材料设备的合理性。

（5）审计控制价计价书编制依据是否符合时效性、合规性。

（6）审计控制价计价书编制的完整性。

（7）审计人工、材料、机械及设备费用的合理性。

（8）审计措施性费用的合理性。

（9）审计管理费、利润、风险、规费及税金费率的合理性。

4. 其他开工前审计

（1）审查建设用地规划许可证、建设工程规划许可证、建设工程开工证（建筑工程施工许可证）、工程质量监督注册登记的办理情况。

（2）审查在开工建设前申办施工许可证的情况，且有无办理质量、安全监督等报建手续。

（3）审查国有土地证明文件（建设用地批准书、国有土地使用证、原土地使用证明）、房屋拆迁许可证的情况。

（4）工程前期费用审计，审查有无“三边”工程等违规现象。

（四）施工阶段

1. 工程管理进度审计

（1）检查建设单位是否制订进度计划并督促相关各方有效落实。

（2）检查开工是否延迟及其原因分析。

（3）检查现场工程进展是否滞后及其原因分析。

（4）检查是否保持对工程进度的关注，并采取必要措施保障进度计划的执行。

2. 工程管理质量审计

（1）工程质量保证体系（政府、业主、企业）。

（2）施工图设计交底及图纸会审。

（3）隐蔽工程验收。

（4）物资材料验收。

（5）成品、半成品验收。

（6）工程资料管理。

（7）现场人员资质管理。

（8）有无违法转包、分包及再分包的情况。

3. 工程监理审计

（1）是否执行监理制度。

（2）监理单位是否具备资质。

（3）监理收费是否合理。

（4）监理合同是否规范。

（5）有无监理规划。

（6）监理人员资质与数量是否到位。

（7）监理档案（日志、旁站记录、月报、验收记录）是否齐全。

（8）监理“三控”的执行情况。

4. 工程财务审计

（1）审计财务制度建立情况。

（2）审计资金来源与使用情况。

（3）审计合同支付情况。

（4）审核各种税费缴纳情况。

（5）审核账务处理与会计核算情况。

5. 物资管理审计

（1）审计物资采购计划：计划用量、采购时间、质量要求、采购方式。

（2）物资采购审计：公开招标、邀请招标、询价；合同签订。

（3）审计物资催交、监造审计。

（4）物资验收审计。

（5）物资入库审计。

（6）物资保管审计：物资代保管；物资台账；物资盘点。

（7）物资出库审计：领用审批；退库；扣款。

（8）其他相关业务的审计：物资现场管理；废旧包装物的管理。

6. 施工阶段造价审计

（1）施工过程投资控制制度、流程的健全性：设计变更管理、工程计量、资金计划及支付、索赔管理、合同管理等。

（2）预付款、进度款的支付是否符合合同规定。

（3）设计变更是否合理，审批是否规范。

（4）是否建立现场签证和隐蔽工程管理制度，执行是否有效。

（5）是否及时办理工程中期结算。

（五）竣工阶段

1. 竣工验收管理审计

（1）竣工验收审计：审计竣工验收人员的构成；项目是否符合图纸及规范要求；监理、施工单位的竣工资料是否齐全；保修协议与费用；有无弄虚作假行为。

（2）试运行情况审计：检查建设项目完工后所进行的试运行情况，对运行中暴露出的问题是否采取了补救措施；检查试生产产品收入是否冲减了建设成本。

2. 工程结算审核

（1）理清各承包商的施工范围与相互关系。

（2）审核确定结算原则。

（3）确认相关文件的有效性。

（4）检查有无隐蔽验收记录。

（5）审核工程数量、单价及工程费用计算是否有误。

（6）检查并消除计算误差。

3. 工程决算审计

（1）审核竣工决算编制环境：审批程序是否完成、结算审核是否完成、未完工程数量所占比例。

（2）审核竣工决算报表的准确性、合理性：审核竣工工程概况表、交付使用资产明细表。

（3）概算执行情况分析：分析投资支出偏离设计概算的主要原因。

（4）审查建设项目结余资金及剩余设备材料等物资的真实性和处置情况。

参 考 文 献

[1] 张凌云. 工程造价控制 [M]. 上海：东华大学出版社，2008.

[2] 李荣滨. 探析全过程造价管理模式下的工程造价控制 [J]. 绿色环保建材，2020 (6)：181-183.

[3] 洪玉婉. 全过程工程造价咨询的质量控制对策 [J]. 中国住宅设施，2020 (5)：61-62.

[4] 周芳. 分析电力工程造价管理在施工阶段中的应用 [J]. 智能城市，2020，6 (8)：106-107.

[5] 梁一鸣. 建筑工程招投标中控制工程造价的策略探讨 [J]. 全面腐蚀控制，2020，34 (4)：63-64，100.

[6] 王蓓. 分析建筑工程招投标中工程造价的控制策略 [J]. 农家参谋，2020 (9)：118.

[7] 朱沁. 基于工程造价管理探讨工程变更索赔问题 [J]. 农家参谋，2020 (9)：111.

[8] 于瑞涛. 论如何进行建筑电气安装工程造价控制 [J]. 居舍，2020 (11)：150.

[9] 朱建将. 工程造价预结算审核在建筑工程管理中的应用研究 [J]. 居舍，2020 (11)：159.

[10] 李永福，杨宏民，吴玉珊，等. 建设项目全过程造价跟踪审计 [M]. 北京：中国电力出版社，2016.

[11] 肖莲. 适应市场经济的全过程工程造价管理模式研究 [J]. 价值工程，2018，37 (36)：33-34.

[12] 唐应香. 建筑工程管理中工程造价的管理控制实践 [J]. 价值工程，2018，37 (36)：50-51.

[13] 赵军. 工程造价管理中工程索赔的理论研究 [J]. 居舍，2018 (33)：137，81.

[14] 周猛猛. 浅谈对全生命周期工程造价管理的思考 [J]. 居舍，2018 (33)：125.

[15] 程艳. 跟踪审计在工程造价审计中的应用及价值研究 [J]. 价值工程, 2018, 37 (35): 241-243.

[16] 王久玲. 工程造价控制与管理的四阶段分析 [J]. 工程建设与设计, 2018 (21): 236-238.

[17] 胡梅蓉. 浅谈电力工程造价全过程管理 [J]. 纳税, 2018, 12 (31): 253, 255.

[18] 张志华. 关于当前工程造价管理控制现状及其对策分析 [J]. 居舍, 2018 (31): 11.

[19] 云利花. 总承包项目实施和竣工资料整理阶段造价管理应注意的问题和建议 [J]. 居舍, 2018 (31): 15-16.

[20] 王晓迎. 工程项目的工程造价全过程动态控制 [J]. 中小企业管理与科技, 2018 (11): 50-51.

[21] 杨宁. 建筑工程管理中的全过程造价控制措施探析 [J]. 安徽建筑, 2018, 24 (6): 294-295.

[22] 余虹霞. 工程造价的动态管理与成本优化控制 [J]. 民营科技, 2018 (10): 204-205

[23] 张琼. 大数据背景下工程造价信息资源共享的策略探析 [J]. 居业, 2018 (10): 147-148.

[24] 中国建设工程造价管理协会. 建设项目投资估算编审规程 (CECA/GCI—2015) [M]. 北京: 中国计划出版社, 2015.

[25] 张毅. 建设项目造价费用 [M]. 北京: 中国建筑工业出版社, 2013.

[26] 卢谦. 建设工程项目投资控制与合同管理 [M]. 北京: 中国水利水电出版社, 2013.

[27] 孙继德. 建设项目的价值工程 [M]. 2 版. 北京: 中国建筑工业出版社, 2011.

[28] 全国造价工程师职业资格考试培训教材编审组. 工程造价计价与控制 [M]. 北京: 中国计划出版社, 2009.

[29] 陈六方, 顾祥柏. EPC 项目费用估算方法与应用实例 [M]. 北京: 中国建筑工业出版社, 2013.

[30] 张长江. 建筑设计工程造价管理 [M]. 北京: 中国建筑工业出版社, 2010.

[31] 张毅, 王大年. 建设项目造价咨询范例 [M]. 北京: 中国建筑工业出版社, 2013.

[32] 周和生, 尹贻林. 工程造价咨询手册 [M]. 天津: 天津大学出版社, 2012.

[33] 郭汉订, 刘应宗. 论建设工程质量政府监督机构改革 [J]. 建筑, 2002 (1):

15-17.

[34] 邱菀华. 现代项目管理导论 [M]. 北京：机械工业出版社，2003.

[35] 全国建设工程质量监督工程师培训教材编写委员会. 工程质量监督概论 [M]. 北京：中国建筑工业出版社，2001.

[36] 韩克亮. 浅谈建设工程质量监督的改革 [J]. 沈阳建筑大学学报（社会科学版），2005，7（2）：110-111.

[37] 李拥军. 论监理对工程质量的监督管理 [J]. 建设监理，2002（5）：31-32.

[38] 郭舰. 对工程质量监督方式的一些思考 [J]. 重庆建筑，2005（7）：48-49.

[39] 王世军. 浅析建设监理与质量监督的区别 [J]. 吉林水利，2003（7）：32-33.

[40] 全国建筑施工企业项目经理培训教材编写委员会. 施工组织设计与进度管理 [M]. 北京：中国建筑出版社，2001.

[41] 刘仕祥. 电力工程建设项目管理 [J]. 科技资讯，2008（28）：144.

[42] 陈扬. 电力工程质量管理研究 [J]. 建筑设计管理，2008（5）：26-28.

[43] 郑海村. 几种电力建设管理模式的比较分析 [J]. 电力工程咨询，2007（6）：26-29.

[44] 王志坚. 基层供电企业强化电力基建工程管理的思考 [J]. 云南电业，2008（12）：43-44.

[45] 雷胜强，许文凯. 工程承包发包实用手册 [M]. 北京：中国建筑工业出版社，1999.

[46] 卢有杰. 建筑系统工程 [M]. 北京：清华大学出版社，1997.

[47] 孟宪海. 施工合同文件工程价款支付条款对比分析 [J]. 建筑经济，2001（5）：28-29.

[48] 毛致林，王宽城. 电力技经人员实用手册 [M]. 北京：中国电力出版社，2000.

[49] 全国造价工程师考试培训教材编写委员会. 工程造价的确定与控制 [M]. 北京：中国计划出版社，2002.

[50] 中国建设监理协会. 建设工程信息管理 [M]. 北京：中国建筑工业出版社，2013.

[51] 任玉峰，董玉学，刘金昌. 建筑工程概预算与投标报价 [M]. 北京：中国建筑工业出版社，1992.

[52] 投资项目可行性研究指南编写组. 投资项目可行性研究指南 [M]. 北京：中国电力出版社，2002.

[53] 王雪青. 国际工程项目管理 [M]. 北京：中国建筑工业出版社，2000.

[54] 王亚星. 电气安装工程预算编审指南 [M]. 北京：中国水利水电出版社，2002.

[55] 徐大图. 建设工程造价管理 [M]. 天津：天津大学出版社，1989.

[56] 杨旭中. 电力工程造价控制 [M]. 北京：中国电力出版社，1999.

[57] 杨晓林，许程洁，冉立平. 造价工程师实用手册 [M]. 哈尔滨：黑龙江科学技术出版社，2000.

[58] 尹贻林. 工程造价管理相关知识 [M]. 北京：中国计划出版社，1997.

[59] 尹始林，何红锋. 工程合同管理 [M]. 北京：中国人民大学出版社，1999.